职业教育家具设计与制造专业教学资源库建设项目配套教材

家具造型设计

黄嘉琳 编著

干 珑 王明刚 柳 毅 参编

中国轻工业出版社

图书在版编目（CIP）数据

家具造型设计 / 黄嘉琳编著. —北京：中国轻工业出版社，
2024.8

国家职业教育家具设计与制造专业教学资源库建设规划教材

ISBN 978-7-5184-2663-8

Ⅰ. ① 家… Ⅱ. ① 黄… Ⅲ. ①家具—造型设计—职业教育—
教材 Ⅳ. ① TS664.01

中国版本图书馆CIP数据核字（2019）第206442号

责任编辑：陈　萍　　　　责任终审：劳国强　　整体设计：锋尚设计
策划编辑：林　媛　陈　萍　责任校对：吴大朋　　责任监印：张　可

出版发行：中国轻工业出版社（北京鲁谷东街5号，邮编：100040）
印　　刷：艺堂印刷（天津）有限公司
经　　销：各地新华书店
版　　次：2024年8月第1版第3次印刷
开　　本：787×1092　1/16　印张：8
字　　数：210千字
书　　号：ISBN 978-7-5184-2663-8　定价：49.00元
邮购电话：010-85119873
发行电话：010-85119832　010-85119912
网　　址：http://www.chlip.com.cn
Email：club@chlip.com.cn
版权所有　侵权必究
如发现图书残缺请与我社邮购联系调换
241368J2C103ZBW

职业教育家具设计与制造专业
教学资源库建设项目配套教材编委会

编委会顾问	>	夏　伟	薛　弘	王忠彬	王　克

专家顾问	>	罗　丹	郝华涛	程　欣	姚美康	张志刚
		尹满新	彭　亮	孙　亮	刘晓红	

编委会成员	>	干　珑	王荣发	黄嘉琳	王明刚	文麒龙
		周湘桃	王永广	孙丙虎	周忠锋	姚爱莹
		郝丽宇	罗春丽	夏兴华	张　波	伏　波
		杨巍巍	潘质洪	杨中强	王　琼	龙大军
		李军伟	翟　艳	刘　谊	戴向东	薛拥军
		黄亮彬	胡华锋			

　　中国是世界家具制造第一大国，家具产能占据全球的25%。从2006年起，中国成为全球最大的家具出口国，多年来始终保持出口第一的位置。中国也是全球最大的消费市场，每年有5000亿元的家具消费能力，家具行业成为中国的支柱产业之一。据中国家具协会统计资料，目前中国家具生产企业达到5万家，家具从业人员近750万人，其中设计人员只占10%左右。

　　随着国家大力推进"中国制造2025"和"工业设计4.0"，对中国家具行业提出了新的要求，企业急需大批与时代要求相适应的家具设计技能型人才，也需要与企业技能要求相适应的系统的家具设计专业理论和实践指导。

　　面对我国家具设计高速发展的机遇，家具设计教育显得更加重要。立志成为家具设计师的学子们要全面学习家具设计的课程知识，才能适应社会发展的需求。如今消费者多元化的需求向产品设计教学与实践提出了更高的要求，设计者需要将技术与文化、环境、美学、市场等因素结合起来，进行系统考量，产品不仅要在功能上满足用户的需要，更要在造型、情感表达上满足用户的需求。家具造型设计是一项系统、复杂的工作。

　　本教材是家具艺术设计以及相关专业教学中重要的必修课程用书，它具有基础性、过渡性、衔接性的特点，将发现性、创新性、表现性与实践性充分结合。

　　本教材立足于社会发展、行业企业对家具设计师岗位的用人需求，培养学生职业能力，有效地将课程内容与学生职业能力的培养衔接起来。本教材完整细致地从"造型设计"的角度出发，从理解家具的概念入手，倡导在造型设计理论指导下的设计实践，以造型为主要研究对象，探讨家具的造型形态构成元素、法则与规律。本教材以"任务"导入的方法，结合国内外大量的企业实践案例，并引入经典优秀设计作品进行解析，做到理论与实践结合，让学生在每次任务案例中掌握新的知识点，"学中做"，使学生轻松掌握家具造型设计的新观念、新思路、新方法和新技巧，了解家具设计师所必须具备的知识与素养，为成为一名优秀的产品设计师打下坚实的基础。

黄嘉琳

2019年8月

课时安排

（建议 80 课时）

章 节	课程内容	课 时	
学习情境一 掌握家具造型设计流程与方法	任务一　家具设计定位	2	30
	任务二　家具设计分析	8	
	任务三　家具创新思维练习	10	
	任务四　家具细部设计	10	
学习情境二　屏风类家具设计	任务　屏风类家具设计	10	10
学习情境三　几案类家具设计	任务　几案类家具设计	10	10
学习情境四　坐具设计	任务　坐具设计	15	15
学习情境五　办公桌设计	任务　办公桌设计	15	15

目录

屏风类家具设计 035

办公桌设计 ························ 101

学习
情境一
掌握家具造型设计
流程与方法

30 课时

学习目标

知识目标

1 了解家具造型形态分类、家具风格对造型的影响。

2 了解造型设计的基本要素、造型设计在家具设计中的位置、造型设计研究的内容。

3 掌握家具产品造型的基本概念、基本理论和基本的产品造型设计技能。

4 学习和理解家具造型所传达的信息。

能力目标

1 熟练掌握家具风格造型的分类方法。

2 能深刻理解何谓"好的产品造型",并能从纯美学角度把握家具产品造型设计的基本规律及常用方法和技巧。

3 能进行产品调研和用户需求调研与分析。

素质目标

1 明确职业岗位的范围,不断提高自身职业能力。

2 培养分析问题和解决问题的能力。

任务一 家具设计定位

课前准备

本任务主要介绍家具造型形态分类、家具风格、基本要素、设计流程等知识点,通过对知识点与设计方法的熟练掌握,为后面的项目化设计做理论铺垫。

一、家具概论与分类

（一）家具、家具设计、家具造型设计的定义

广义的家具是指人类维持正常生活，从事社会实践和开展社会活动必不可少的一类器具。

狭义的家具是指在生活、工作或社会交往活动中供人们坐、卧或支承与储存的一类器具与设备。

家具设计是为满足人们使用的心理的和视觉的需要，在投产前所进行的创造性的构思与规划，并通过图纸、模型或样品而表达出来的过程和结果。家具设计主要包括造型设计、结构设计、工艺设计和推广设计四部分。

家具造型设计是家具设计的开端和基础，其任务是对家具产品赋予材料、形态、结构、色彩、表面加工及装饰等造型元素。家具产业创新发展的核心是家具造型设计，其设计方案的优劣将直接影响家具产品研发的成败。家具造型是人类在特定使用功能要求下，通过特定的手法，创造出各种自由而富于变化的造型形态的方法。它没有一种固定的模式，随着时间和流行趋势发展而变化。

（二）影响家具造型设计的四大要素

1. 功能

家具作为人类生活和活动不可缺少的生活器具，它的实用性是第一位的。家具制品必须符合它的直接用途，任何种类的家具都有使用的目的，如果使用功能不合理，造型再美也不能使用，只能当作陈设品。但家具又有艺术性的功能，因此，单有功能合理而缺乏艺术美的家具只能作为器具使用。

2. 材料

材料是家具构成与造型设计的物质技术基础。不同材料由于其理化性能不同，成型方法、结合形式及材料尺寸、形状都不相同，由此而产生的造型也不同。

3. 结构

结构合理是家具造型设计的重要因素，并直接影响家具的品质。家具的结构必须保证其形状稳定和具有足够的强度，适合生产加工。

4. 人群

家具造型的特征显示出不同的消费群、使用功能及使用环境，如图1-1所示。

图1-1 老人家具、儿童家具、青年家具

儿童家具追求的是简洁、稚嫩的造型，色彩鲜艳、活泼，整个造型体现出一种俏皮、可爱的卡通特征，设计时要考虑儿童使用的安全性。

中老年家具设计在造型上注重沉稳、端正，色调雅致，整个家具造型尽可能呈现出安详、静谧的环境特征。设计时必须考虑家具辅助老人日常生活及使用安全。

青年家具设计在造型上崇尚的是前卫、时尚，色彩张扬、个性化，反映青

年人的潮流意识和情感需要。

　　家具造型对用户有"暗示"的作用。决定和影响家具造型语言的不只是家具的自身功能与特性，更重要的是消费者对于家具功能外的心理感受与情感追求。对于家具设计师而言，要准确把握不同群体消费者的普遍心理，并将其运用在具体的家具设计中，使家具具有一种暗示消费者的特征，即家具的针对性，这种暗示是以家具自身造型为语言特征的。一款好的家具造型设计，要能鲜明地体现出它的功能、用途及特性，这是作为家具造型设计的根本目的与设计方向。

　　（三）家具的分类

　　按家具功能分为：办公家具、户外家具、客厅家具、卧室家具、书房家具、儿童家具、餐厅家具、厨卫家具（设备）和辅助家具等。

　　按家具风格分为：现代家具、后现代家具、欧式古典家具、美式家具、中式古典家具、新古典家具、新装饰家具、韩式田园家具、地中海家具等。

　　按家具材料分为：木质家具、板式家具、竹藤家具、金属家具、塑料家具和纺织家具等。

　　还有其他的分类方式，如按结构分类、按家具产品的档次分类等。

二、家具发展史

　　丰富的家具史为现代家具设计奠定了坚实的基础，设计师必须了解传统家具丰富多彩的造型形式，鉴赏保存下来的优秀家具式样，研读家具文化的风格变迁，以提高造型感受力，培养审美能力，这是家具设计师不可或缺的。必须了解家具过去、现在的造型变迁，才能把握现代家具造型方法及流行趋势，并做到不断地发展和创新。家具造型设计前，需要对中外家具发展史有一定的了解，熟悉并掌握不同时代的经典家具历史背景与造型特点。

大师讲堂

认识古代经典的几张椅子——**中国**

认识古代经典的几张椅子——**西方**

📖 课中学习

一、家具设计流程

　　家具造型设计是家具设计中的重要环节，以家具设计师这一职业岗位为例，对家具设计与家具造型设计的流程做剖析，以深圳拓璞家具设计公司为例，如图1-2所示。

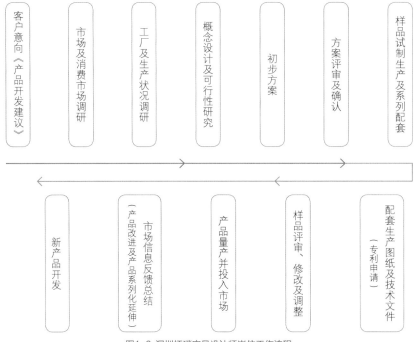

图1-2 深圳拓璞家具设计师岗位工作流程

1. 家具设计流程

设计师在企业的岗位工作分为5个环节：调研阶段、市场定位及概念定位阶段、家具产品设计阶段、视觉表现和营销策略制定，如图1-3所示。

图1-3 家具设计师岗位进行家具设计流程

产品定位首先要进行深入的市场调研，有效的市场调研主要有4个步骤：确定问题和调研目标，制订调研计划，实施调研计划，分析和撰写调研报告。建立对材料的认识、对五金的认识、对竞争对手的认识、对加工厂及合作厂商的认识。此外，还有对市场宏观环境、竞争格局、渠道终端状况、消费者行为和心理特征的认知，从而准确把握消费者需求和市场动态，准确构建产品的利益点，建立准确的产品定位。

概念定位是产品设计过程中一个非常重要的阶段。完整的产品概念设计应包括产品市场定位、产品功能定位、产品形态描述以及产品的选材、结构和工艺，甚至营销和服务的策划均可纳入产品概念设计。这一阶段工作高度体现了设计的艺术性、创造性、综合性以及设计师的经验性。

2. 家具造型设计流程

图1-3中前3个环节属于家具造型设计内容。同时，家具造型设计可细化为多个阶段，每个阶段有对应的任务与工作要求，如图1-4所示。

阶段	内容
产品定位	市场细分及目标市场定位 消费群体定位 产品风格定位
概念设计定位	设计理念 基本形态定位 色彩设计描述 产品功能定位 产品的选材 结构和工艺设计

市场定位及
概念定位

02

图1-4 环节2的工作内容

二、家具造型种类

（一）传统古典造型

传统古典造型指经过历史的发展，一步步延续下来并具有时代特征的家具造型。分为中国传统古典造型和西方传统古典造型。作为家具设计师，应该熟悉并掌握家具历史发展，为创新设计提供可靠的历史依据。

1. 中国传统古典家具造型

中国传统古典家具造型如图1-5和图1-6所示。

图1-5 官帽椅和圈椅

图1-6 官帽椅和玫瑰椅

2. 西方传统古典家具造型

西方传统古典家具造型如图1-7所示。

图1-7 西方古典家具

对传统古典家具造型的创新是在继承和学习传统家具的基础上，用现代思维、现代技术将现代生活功能、材料、结构与传统家具的特征相结合，设计出既富有时代气息又具有传统风格式样的新型家具，这样的再创造是对传统文化的继承与发扬。

（二）现代抽象造型

1. 抽象理性造型

抽象理性造型是以规则的几何形态为依据，采用理性、规则的三维形体为家具造型设计手法。其造型简洁，强调功能性和模块化设计，如图1-8和图1-9所示。

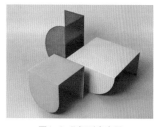

图1-8 几何形态家具　　图1-9 acciaio series 2 家具

2. 有机感性造型

有机感性造型以优美曲线的生物形态为依据，采用自由而富于感性意念的三维形体为家具造型设计手法。造型的创意构思是由优美的生物形态风格和现代雕塑形式汲取灵感，结合壳体结构和塑料、橡胶、热压胶板等新兴材料应运而生的。有机形态家具如图1-10所示。

图1-10 有机形态家具

三、家具风格

（一）中国传统风格家具

明清家具分为京作、苏作和广作。京作指北京地区制作的家具，以紫檀、黄花梨和红木等硬木家具为主，形成了豪华气派的特点。

家具风格（一）

苏作以明式黄花梨家具驰名，它的特点是造型轻巧雅丽，装饰常用小面积的浮雕、线刻、嵌木、嵌石等手法，喜用草龙、方花纹、灵芝纹、色草纹等图案。广作家具的特点是用料粗壮，造型厚重。中国传统风格家具如图1-11至图1-13所示。

图1-11 清代玫瑰椅　　图1-12 明代圈椅

（二）新中式风格家具

新中式家具是在传统美学规范下，运用现代材质及工艺去演绎传统中国文化中的精髓，使家具不仅拥有典雅、端庄的中国气息，还具有明显的现代特征。新中式家具设计在形式上简化了许多，是古代家具现代化演变的成果。新中式风格家具如图1-14和图1-15所示。

（三）欧式古典风格家具

欧式古典风格追求华丽、高雅。为体现华丽的风格，家具产品外观华贵，用料考究，内在工艺细致，制作水准高超、严谨，更重要的是它包含了厚重的历史感。家具框的线条部位常饰以金线、金边。欧式古典风格家具如图1-16所示。

（四）现代欧式风格家具

现代欧式风格回归自然，崇尚原木韵味，外加现代、实用、精美的艺术设计风格。

木材是北欧家具所偏爱的材料，此外，还有皮革、藤、棉布、织物等天然材料。也采用新型材料、人工合成材料，如采用镀铬钢管、ABS、玻璃纤维等人工材料制成经典家具，但整体实现使用天然材料为主。现代欧式风格家具如图1-17和图1-18所示。

（五）美式家具

美式家具特别强调舒适、气派、实用和多功能。美式家具可分为三大类：仿古、新古典和乡村式风格。怀旧、浪漫和尊重时间是对美式家具最好的评价。美式家具如图1-19和图1-20所示。

（六）后现代风格家具

以时尚、奢华、唯美为主打，摒弃了传统欧式风格的烦琐，融入了更多的现代简约与时尚元素，渲染出

图1-13 清代几案

图1-14 新中式风格家具（1）

图1-15 新中式风格家具（2）

图1-16 欧式古典风格家具

图1-17 TREASURE传世（1）　　图1-18 TREASURE传世（2）　　图1-19 美式椅　　图1-20 美式做旧边柜

家居的温馨与奢华，如弧形优美镶着金银箔的雕花腿，闪耀着丝绸般温润光泽的毛绒布面，耀眼夺目的水晶钻扣，低调奢华的压纹牛皮等。后现代风格家具如图1-21和图1-22所示。

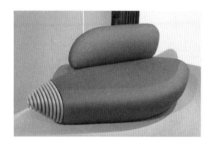

图1-21 沙发　　　　　　　　　　　　　图1-22 电视柜

（七）现代风格家具

现代风格家具是一种比较时尚的家具，用现代材料制作，款式现代、简约，更适合新一代年轻人的口味。近几年，现代风格家具流行的颜色主要以胡桃色、黑檀和橡木色为主。现代风格家具如图1-23和图1-24所示。

家具风格（二）

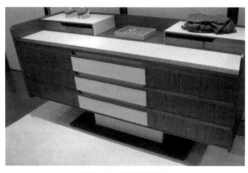

图1-23 现代板式边柜　　　　　　　　　图1-24 现代茶几

四、用户需求与家具功能

（一）"好"家具设计的标准

顾客购买产品，是购买产品具有的功能，其购买动力就是对产品各种功能的需求。因此，在产品设计过程中，首先考虑顾客的需求。以茶几为例，好的茶几设计标准如图1-25所示。

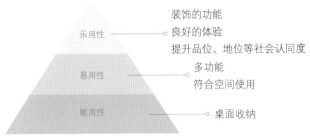

图1-25 "好"茶几设计的标准

（二）挖掘用户的本质需求与功能

明白顾客购买产品的动机，家具设计师需要挖掘用户的本质需求。用户需求关系如图1-26所示。

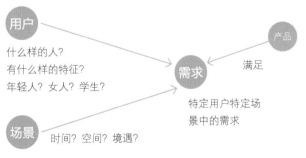

图1-26 用户需求关系表

1. 用户本质需求

用户+场景≈需求。部分用户在特定场景下就会有相应的需求，家具产品经理的工作之一就是发现并分析需求，并设计一套可行的解决方案。现在我们尝试解决第一步，即挖掘用户最本质的需求。对用户和场景有越深入的了解，越可能接近用户最本质的需求，也就越可能找到解决问题的方法。

2. 产品功能分析流程

"设计的本质就是要解决问题"。

1 第一步
明确用户要求的功能。

用户的需求是产品设计的依据，价值分析用户使用情景的思维方式和基本特征，就是从用户需求出发进行调研与功能设计。通过问卷调查法、观察法等方法得到用户需求的信息。家具功能细部设计如图1-27所示。

图1-27 家具功能细部

2 第二步
分析功能本质，明确设计方向。

产品功能定义的第一个目的是明确产品设计的本质，以便根据产品的主要功能要求确定产品的必要功能，明确产品设计的依据和努力的方向。

对于坐具而言，分析用户在使用情景下多种功能需求的主次关系，明确设计方向。此刻切记不要无休止地把功能叠加。

了解家具功能实现的各种限制因素，利用5W2H的方法，确定相关的制约条件，具体内容如下：

💬WHAT：家具产品的最终功能是什么？要实现坐具产品的最终功能应具备什么样的分功能？

💬WHY：家具产品为什么需要这个功能？它能满足消费者的什么需求？

💬WHERE：坐具产品在什么环境下使用？

💬WHO：产品是由什么人使用的？采用什么方式？通过什么手段实现？他们在使用时有没有特殊的要求？比如老人、儿童等。

💬WHEN：何时？什么时间完成？什么时机最合适？

💬HOW MUCH：多少？做到什么程度？数量如何？质量水平如何？费用产出如何？

💬HOW DO：产品的功能如何实现？需要什么样的结构与工艺来支撑？

3 第三步
思维导图法分析，确定功能定义。

通过思维导图法分析，产品功能定义要简洁、明了、准确。产品功能定义的目的是对产品功能本质进行研究。如果产品功能定义表达复杂、含义不清时，容易使人产生误解，无法准确地把握该功能的实质，也无法找出实现该功能的有效技术途径。因此，产品功能定义必须做到简洁、明了、准确。

>>> **课后拓展**　　　中式与新中式的区别

任务二　家具设计分析

📁 **课前准备**

一、家具造型形态分析

绝大多数家具产品的造型都可以由几类基本的形态元素构成，这些基本的元素是概念性的，和家具结合后才能成为家具造型设计的视觉元素。基本元素可以分为：二维和三维空间形态元素两类。在一件产品上，这些基本元素以多种方式相互组合，构成家具的视觉形态和特征。

康定斯基以绘画为分析基础，将点、线、面作为抽象艺术的基本元素。实际上，这些元素不是直接显现在产品形态上的，要依靠我们的感知而存在。

（一）点的视觉运用

点是形态构成中最基本的构成单元。在几何学里，点是理性概念形态，没有大小，只有位置，但是它一旦物化后，就有了大小和形态。而在造型设计中，点有大小、形状，甚至有体积，是按它与对照物对比的相对概念来确定的。

1. 点的张力

当点在中心位置时，因为符号的视觉平衡，处于对角线的交点处，点是稳定的、静止的，并成为区域内的统治因素，如图1-28所示。如图1-29所示圆书柜用同心圆的形态元素，中心对称的视觉感使书柜有稳定感。

当点向旁边平移时，改变视觉平衡，产生了动势，由于离中心位置近，所以产生向心的张力，如图1-30所示。如图1-31所示圆柜的构成由两个不同心的大小圆组成，小圆产生一种"驱动"感，形成人与柜

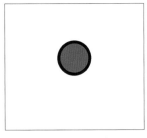

图1-28　中间的点

图1-29　同心圆家具

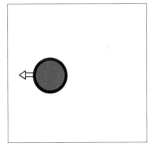

图1-30　偏移的点

图1-31　收纳柜（卢志荣设计）

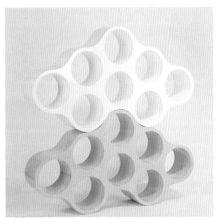

图1-33　收纳架

图1-34　沙发

互动的心理影响。

2. 点群（两个或两个以上的形态的点群）

当两个或者两个以上大小或形态相似的点之间的距离接近时，它们便会受到张力的影响形成一个整体，如图1-32所示。

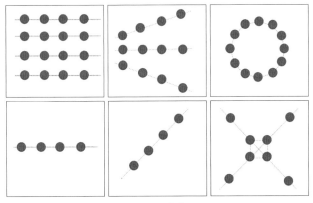

图1-32　点群

不同的点群关系在家具产品中形成不同的形态，如图1-33至图1-35所示。

图1-35　办公椅

（二）线的视觉运用

1. 线的特点

线是点移动的轨迹，线的形态主要有直线和曲线两大类。直线有垂直线、水平线与斜线三种，曲线可分为弧线与自由曲线两种。在形态造型中，线还可以有粗细、虚实之分。

①直线：垂直线、水平线、斜线。

②弧线：抛物线、几何曲线、双曲线、螺旋线。

③自由曲线：C形线、S形线、涡形线。

线的表现特征主要随长度、粗细、状态和运动的位置而异，不同的线型可产生不同的心理感受。线在造型设计中是最富有表现力的要素，其丰富的变化，对动、静的表现力极强，最富心理效应。

2. 线在家具中的视觉表现形式

在家具造型中，线既表现线型的零件，如木方、钢管等，也表现板件、结构的边线，如门与门、抽屉与抽屉之间的缝隙，门或屉面的装饰线脚，板件的厚度封边条，家具表面织物装饰的图案线等。

（1）纯直线构成的家具

纯直线家具分斜线为主的直线家具和平直线为主的直线家具。如图1-36和图1-37所示为平直线为主的直线家具，性格：宁静、干净、整洁、便利、现代感较强，多用于现代风格家具、定制家具。如图1-38所示为斜线为主的直线家具，性格：天然、悠闲、速度，多用于现代风格家具。

图1-36 直线为主的收纳柜　　　　　　　图1-37 边柜　　　　　　　图1-38 现代树丫收纳架

（2）纯曲线构成的家具

纯曲线的家具性格：古典、天然、圆润、亲和、舒适等，多用于古典家具或后现代家具风格，如图1-39至图1-41所示。

图1-39 奖章椅　　　　　　　图1-40 现代实木椅　　　　　　　图1-41 藤椅

（3）直线与曲线结合构成的家具

在日常家具产品中，更多的是直线与曲线相结合的家具，理性与感性相结合使家具更有亲和力。设计这种类型的家具，重点是多维度地体现直线与曲线相结合的形态设计。同时，在同一个零件上，边角倒圆角的角度必须统一。直线与曲线相结合的家具如图1-42至图1-46所示。

图1-42　收纳柜

收纳柜外观用直线方体的造型，设计师为了增加收纳柜的功能性和亲和力，在细部造型设计时，多处使用曲线的线条，使产品可爱、实用

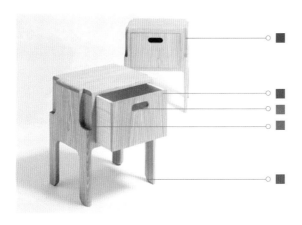

图1-43　收纳柜细部

■　柜体正面边角倒圆角
■　抽屉边角倒圆角
■　把手镂空边角倒圆角
■　功能位置边角倒圆边
■　柜腿边角倒圆角

图1-44　S&W（如恩设计）

图1-45　金属椅

图1-46　现代木椅

（三）面的视觉运用

面可由线的移动轨迹形成，也可由点的密集形成。按线移动的不同轨迹，可形成不同形状的面。另外，线的排列也可以形成面的感觉。面可分成平面与曲面，平面有垂直、水平与斜面之分，曲面有几何曲面与自由曲面之分。

面在家具造型语言中主要以板面或其他实体的形式出现，其中也包括由条块或线形零件排列构成的面。面是家具造型设计中的重要构成因素，家具的使用功能大部分都要通过面来实现。面是家具造型设计中的重要形态要素，构成家具的功能面、支撑面、造型面等，从而实现家具的使用功能，并构成家具的形态特征。

1. 面的特征

面的类型有直面和曲面两大体系，面的形成可以是实体的面形成的"正"面，也可以是由点或线的组合构成的空虚的"负"面。

2. 面在家具中的视觉表现形式

（1）实体的面

在整个形中布满颜色，是充实的面，也是积极的面，如图1-47至图1-49所示。

图1-47 实木椅　　　　　　　　图1-48 办公桌　　　　　　　　图1-49 塑料椅

（2）空虚的面

只勾画出轮廓线或用点、线聚集形成的面，这种面属于消极的面，如图1-50和图1-51所示。

空虚的面在设计时需要考虑它的功能性，调节虚实的节奏、收纳或装饰等作用。在家具产品中，设计师要善于运用虚实面形成功能与美感的平衡。

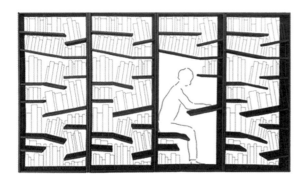

虚面除了可以收纳书籍，同时可以"收纳"阅读者，此书柜的设计扩大了书柜收纳的功能，合理利用空间

图1-50 书架

虚面之间的连接处通过五金件的使用得到无限延伸

图1-51　红酒架

（四）体的视觉运用

体是面移动的轨迹，在造型设计中，也可理解为由点、线、面构成的三维空间或由面旋转所构成的空间。在形态造型中，所有的体都是面运动形成的，体是最具有立体感、空间感、重量感的形态要素。在体的运用中，强调积极形体的优势，同时注重消极形体的关系处理，达到虚实和谐。面到体的转变如图1-52所示。

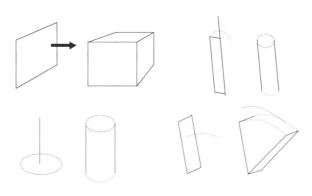

图1-52　面到体的转变

体有几何体与非几何体两大类。几何体包括正方体、长方体、圆柱体、圆锥体、三棱锥体、球体等，非几何体一般指不规则的形体。体可以通过面与面的空间围合构成（不封闭），常称为虚体；而由面与面组合或块组合成的立体（封闭），则称为实体。体在家具造型中表现在零部件围合的"体"空间，如椅、凳；固态块状的实体家具和玻璃围合的虚体家具也属于"体"构成。

家具是由各种不同形状的体构成的，体是家具造型中最能表现空间感、力量感和形态要素的。

1. 规则几何体（无机形态）

无机形态家具如图1-53至图1-57所示。

图1-53　软体沙发（1）

图1-54　竹家具

图1-55　冰山形态的"充气式"沙发

图1-56　软体沙发（2）

图1-57　软体沙发（3）

2．有机体

有机体是指造型上展示多曲线或生物的形态，它感性、自由、流畅。自然造型如河流、木纹、贝壳等，给人舒畅、和谐、自然、古朴的感觉。有机体家具如图1-58至图1-61所示。

色，如图1-62至图1-65所示。

图1-62 书柜

图1-58 木家具

图1-59 竹藤家具

图1-63 梳妆台组合（1）

图1-60 软体沙发床

图1-61 竹家具

二、家具常用术语名词

图1-64 PNOI低桌（卢志荣设计）

📖 课中学习

一、点在家具造型中的运用

在家具外观形态上，可以被感知为点的情况非常多，装饰件、五金拉扣、图案等都会有点的性质，但是这些具备点的性质的物件有时大小不一，甚至超出了原有的认知范围，转变成了"面"，这时就需要将其与周围环境联系起来分析。一般情况下，点会被认为是圆形的，其实只要在具备点的性质时，点就能以多种形态来表现，以增加形态的多样性，表达不同的设计思路或功能。

1．单点

单点的造型处理手法：构成视觉中心，形成家具特

图1-65 梳妆台组合（2）

2．多点

多点的集群造型处理手法：群点产生运动感，形成节奏和韵律。当点群应用

时，应按风格与造型设计有序点群或无序点群。点群应用如图1-66至图1-68所示。如图1-68所示，家具靠背因为点群镂空的设计增加了艺术感，同时提高了靠背的舒适度。

图1-66 软体家具　　　　　　　　　　图1-67 竹藤家具　　　　　　　　　　图1-68 塑料家具

二、线在家具造型中的运用

家具造型语言中，线形零件（如明家具的扶手和搭脑等）、板件边线、夹缝等都能看到线的表现。线富于变化，在家具造型设计中是不可缺少的富有表现力的要素。

1. 外轮廓线

由线构成家具的外轮廓，形成家具的外形特征，如图1-69至图1-71所示。

图1-69 金属椅　　　　　　　　　　　图1-70 编织椅　　　　　　　　　　　图1-71 折叠板式椅

2. 面的相交线

面与面相连接的缝隙、工艺缝、边条、装饰线脚等形成面的相交线。面的相交线是家具产品的细节，是最能体现设计感和加工水平的地方，也是家具产品提升产品价值感的重要位置，如图1-72至图1-75所示。

三、面在家具造型中的运用

面在家具中的视觉表现形式包括人造板材、金属板、塑料板材、玻璃板材等。

1. 构成整体形

由面构成家具整体形态，如图1-76和图1-77所示家具的曲面造型形成收纳功能和坐的使用功能。

2. "正"面和"负"面

由点或线的运动及围绕线的骨架构成的面，如图1-78和图1-79所示。

四、体在家具造型中的运用

造型设计中的体分为实体和虚体。实体是指由块立体构成或由面包围而成的体；虚体是指由线构成或由面、线结合构成，以及具有开放空间的面构成的体。虚体根据其空间的开放形式又可以分为通透型、开敞型与隔透型。通透型即用线或面围成的空间，至少要有一个方向不加封闭，保持前后或左右贯通。开敞型即盒子式的虚体，保持一个方向无遮挡，向外敞开。隔透型即用玻璃等透明材料围合的面，单向或多向具有视觉上的开敞型空间，也是虚体的一种构成形式。开敞型、通透型、隔透型示例家具如图1-80所示。

图1-72 边柜（卢志荣设计）

图1-73 沙发

图1-74 柜局部

家具中工艺线（也称工艺缝）的使用多在接口处，而且是两种不同木纹走向处，避免木头伸缩系数不同导致接口处不平整

图1-75 床头柜

图1-76 曲面家具

图1-77 书架

图1-78 躺椅

图1-79 纸茶几

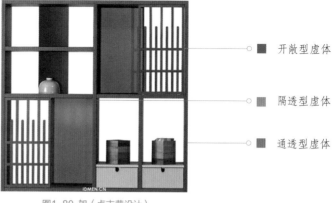

■ 开敞型虚体

■ 隔透型虚体

■ 通透型虚体

图1-80 架（卢志荣设计）

体的虚实之分是产生视觉上的体量感的决定性因素。实体突出的家具有稳定、庄重、牢实之感；虚体具有开放、方便、轻巧、活泼的视觉感受。

1. 实体与虚体

体是其他形态要素的综合体。在进行家具设计时，实体与虚体应该按照一定的美学规律进行设计。凡是各部分体量、虚实对比明显的家具，会让人感到造型轻快活泼、主次分明、式样突出，有一种亲切感，如图1-81至图1-83所示。

图1-81 办公桌　　　　　　　　　　　　　　　　　图1-82 床头柜

○ ■ 实体，柜体

○ ■ 虚体，此处使用了"柜套柜"
　　的设计手法，三个小柜可
　　以独立取出使用

图1-83 边柜

2. 特色的体

随创意需要，造型主要借助于体的各种表现特征，产生一系列有特色的体。有特色的体如图1-84至图1-86所示。

图1-84 椅

图1-85 沙发

图1-86 软体家具

>>> 课后拓展　　名师名家与家具造型设计

任务三　家具创新思维练习

课前准备

学习任务书

章节	分类	任务内容		任务活动
	课前准备	学习任务书		课前阅读
任务三　家具创新思维练习	课中学习	创新思维方法	沿用设计	理论讲授案例分析讨论
			仿生设计	
			移植设计	
			模块化设计	
			思维导图和头脑风暴	
	课后学习	经典家具阅读（一）	丹麦家具	课后阅读

课中学习

创新思维方法包括沿用设计、模拟设计、仿生设计、移植设计、思维导图和头脑风暴等。

一、沿用设计

沿用设计即在已获成功设计的启发下，学习借鉴他人成功的经验和已有的成果展开设计，是对同类家具进行改良。现实中尽管创新家具层出不穷，但沿用设计的家具却占大多数，如办公椅中海星脚的结构形式被广泛地使用。

二、模拟设计

模拟是较直接地模仿自然形象或通过自然的事物来寄寓、暗示、折射某种思想感情，是家具造型设计中强调事实的一种艺术手段。模拟手法的应用，不仅是照搬自然形体的形象，而是要抓住模拟对象的特点进行提炼、概括和加工，用简洁、优美的形式塑造耐人寻味的家具形体。

1. 直接模仿

直接模仿是对同一类别家具进行模仿。直接模仿要求我们发挥形象思维的优点，用心体会优秀设计的形态精髓，找到隐藏在形态里的设计理念。而家具的直接模仿就是从以往的家具中寻找设计灵感，模仿其形式或概念的方法。直接模仿设计如图1-87至图1-89所示。

图1-87是柜中柜的设计
图1-88同样运用柜中柜的设计方法，增加柜体的空间使用率

图1-87 边柜　　　　　　图1-88 边柜细部

图1-89 米兰边柜

2. 间接模仿

间接模仿是对不同类型的家具或其他事物进行模仿，对其他类型家具或事物的某些原理、形式、特点加以模仿，并在其基础上进行发挥、完善，产生另外的不同功能或不同类型的家具。间接模仿如图1-90和图1-91所示。

图1-90 间接模仿（1）

图1-91 间接模仿（2）

三、仿生设计

仿生设计是从生物的现存生态中得到启发，在原理方面进行深入研究，然后在理解的基础上，应用于产品某些部分的结构与形态上。如蜂窝结构，蜂房的六角形结构不仅质轻，而且强度高，造型规整；又如人的脊椎骨结构，设计支撑人体家具的靠背曲线，使其与人体完全吻合。

仿生与模拟是指人们在造型设计中借助于自然界中的生物形象、事物形态进行创作设计的一种手法。

现代家具造型设计运用模拟与仿生的手法，仿照自然界和生活中常见的某种形体，借助于动物、植物的某些生物学原理

和特征，结合家具的具体结构与功能，进行创造性的构思、设计与提炼，是家具造型设计的重要手法，也是现代设计对人性的回归。仿生设计如图1-92至图1-96所示。如图1-96所示孔雀椅吸收学习了温莎椅（图1-95）靠背的梳背设计，并融入孔雀尾巴（图1-97）的圆形元素，在原设计上创新。

模拟与仿生的共同之处就是模仿，模拟主要是模仿某种事物的形象或暗示某种思想情绪，而仿生重点是模仿某种自然物合理存在的原理，用以改进产品的结构性能，同时以此丰富产品，使造型式样具有一定的情感与趣味。

图1-92 冰山沙发

冰山沙发的设计来源于瑞典凯布讷山，它给设计师带来了创意灵感，制作的创意冰山沙发也很像布织的泡芙。现在，即使是一个小朋友不去户外爬山，也都能在家里爬"凯布讷山"了

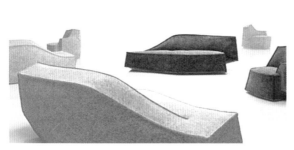

图1-93 冰山形态的"充气式"沙发

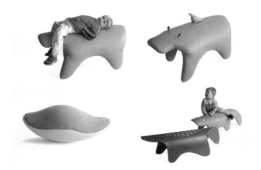

图1-94 ROSMA GUTIERREZ儿童趣味家具设计

图1-95 温莎椅

图1-96 孔雀椅

图1-97 孔雀

四、移植设计

移植是指将一个领域中的原理、方法、结构、材料、用途等移植到另一个领域中去，一般是把已成熟的成果转移到新的领域中。移植的原理是现有成果新目的下、新情境下的延伸、拓展和再创造，用来解决新的问题。

在家具设计中，移植分为原理移植、功能移植、结构移植、材料移植、工艺移植等。移植并非简单的模仿，最终的目的还在于创新。在具体实施中要将事物中独特、新奇和有价值的部分移植到其他事物中去。

1. 横向移植

横向移植即在同一层次类别产品内的不同形态与功能之间进行移植。

设计手法在所有设计中都是共通的，如图1-98和图1-99所示，两个柜子柜门都是隐藏式的卷帘结构，真正的柜体藏在柜门内。

2. 纵向移植

移植常用的手法是纵向移植，就是在不同层次类别的产品之间进行移植。

纵向移植是不同层次类别的产品之间进行移植，因此在设计的时候更不容易找到移植点，需要设计师对生活有非常细致的观察，找出不同产品可以共通的原理与功能，才能找到移植方法的设计出发点。纵向移植设计如图1-100和图1-101所示。

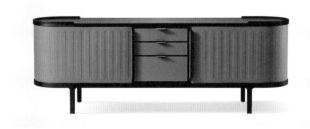

图1-98 边柜

图1-99 米兰家具边柜

图1-100 纵向移植设计（1）

图1-101 纵向移植设计（2）

五、思维导图和头脑风暴

（一）思维导图概念

思维导图是表达发散性思维的有效图形思维工具，它简单却又很有效，是一种实用的思维工具。

思维导图运用图文并重的技巧，把各级主题的关系用相互隶属与相关的层级图表现出来，将主题关键词与图像、颜色等建立记忆链接。

（二）思维导图方法

1. 确定中心关键词语

思维导图是使用一个中心关键词或想法引起形象化的构造和分类的想法，如图1-102所示关键词——办公桌。

2. 由关键词想到系列关联字、词

用一个中心关键词或想法以辐射线形式连接所有的代表字、词、想法、任务或其他关联项目的图解方式，如图1-103所示。

3. 确定有用和有潜力的关键词

在确定有用和有潜力的关键词处打"√"，并开展下一步的设计，如图1-104所示。

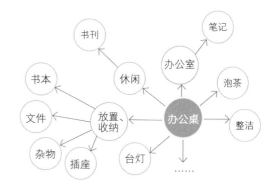

图1-103 发散性思维思考

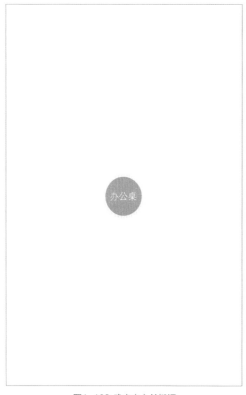

图1-102 确定中心关键词

图1-104 确定可发展的点子

>>> 课后拓展　　　丹麦家具创意欣赏

任务四　家具细部设计

📁 课前准备

"魔鬼在细节"——20 世纪著名建筑大师密斯·凡德罗

"上帝也在细部之中"——意大利现代主义建筑大师卡洛·斯卡帕

"细部可以代表装饰"——日本建筑大师槙文彦

家具细部是一个相对概念，指的是家具整体中加以局部处理的外观部分，可以是实实在在的单元构件，也可以是单个造型元素，是被单独考虑的具有独立功能的细小部分。

一件优秀的家具产品，不仅在于家具整体的外观造型、功能布置、结构设计和材料选取等，其细部的设计也是至关重要的因素之一，在很大程度上决定家具的总体形象。

　　"宏观不失控，细节出精品"，说的就是一个好的家具设计作品，不仅要从宏观上、整体上、系统上去把握，还要从元素上、细节上下功夫，做好家具细部造型的设计。家具细部分析如图1-105所示。

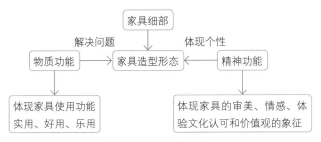

图1-105　家具细部分析

　　任何家具细部都可以划分成装饰性细部和构造性细部。构造性细部是对家具的功能、结构、操作形式起作用的家具细部；装饰性细部是对家具起美化作用的细部；而构造装饰性细部则是兼具两种功能的细部。

一、细部的分类

（一）装饰性细部

　　装饰性细部是指为了呼应家具大造型形态的细部装饰结构。如图1-106所示细部，天鹅的扶手造型为呼应家具的风格造型而产生；如图1-107所示卢志荣先生设计的圆形茶几，收纳空间的开合结构和把手细部使用圆的造型，

图1-106　天鹅扶手

图1-107　圆形茶机（卢志荣设计）

图1-108　床（卢志荣设计）

起到很好的形态统一和装饰性；如图1-108所示卢志荣先生设计的床也是装饰性细部的体现。

（二）构造性细部

　　构造性细部是指在结构上起着一定连接作用的部位，如人体的关节，家具中的榫卯就是结构上的连接细部。

1. 连接细部

　　连接细部是指由于不同的家具功能需求之间相连接，从而出现新的形态产生的部位。不同功能部分之间的拼接是产生连接关系的根本原因。

　　构造性细部不仅是家具设计中理应解决的技术部位，而且这些部位也是形态操作中进行变化的主要部位。如腿部与桌面、靠背与座面、扶手与腿部、扶手与靠背等，如图1-109至图1-111所示。如图1-109所示腿部与桌面是包含关系。

　　在家具设计中，如果放弃对此类细部的关注，而专心于一些虚假的、表面的装饰，就会让人有"金玉其外，败絮其中"之感；相反，处理得好的结构连接细部可以体现家具设计师的构思、时代变迁的痕迹。

图1-109 腿部与桌面

图1-110 扶手与腿部

图1-111 扶手与靠背

2. 穿插处细部

在同一个面上不同方向的构件相互连接时，其连接点既是原先那些构件上的一部分，又由于二者的相互叠加而拥有了两个构件的某些特征。如图1-112中椅子的零件"鹅颈"穿过座面，直接榫接到横枨处。穿插处细部如图1-113至图1-115所示。

3. 材料的接合处细部

材料作为细部乃至家具整体的形式的载体，其作用不容忽视。在处理形式时就不可避免地要对材料之间的关系做出交代，而交代得好坏与清晰与否又会反过来影响形式

的表现力。如图1-116所示设计师用尺寸的不同突出零件的榫接处，达到装饰的功能。其他材料接合细部如图1-117和图1-118所示。

图1-116 材料接合细部（1）

图1-112 扶手细部（1）

图1-113 扶手细部（2）

图1-114 扶手细部（3）

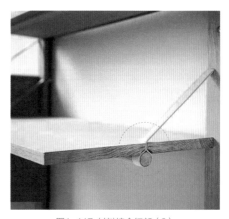
图1-117 材料接合细部（2）

图1-115 床腿细部

图1-118 材料接合细部（3）

家具材料的接合处细部常通过材质和色彩的区分来处理，使细节提升产品的"观赏性"和"价值感"。如图1-119所示材料的接合处——材料的榫接处通过色彩的区分，强调榫的造型，增加了细部的观赏性，另一个示例如图1-120所示。

4. 形状的变化处细部

形状的变化处细部指家具因功能、结构或造型元素呼应等原因所需要的造型变化的细部，如图1-121和图1-122所示。图1-122所示床头柜整体造型以圆和方中倒圆的形态为主，设计师进行设计时对细部如柜门的边角同样进行"倒圆角"处理，体现设计师的细腻与对产品极高的造型要求。其他示例如图1-123至图1-125所示。

图1-119 色彩区分（1）

图1-123 床头柜细部（吱音）

图1-124 床头柜榫接细部

图1-120 色彩区分（2）

图1-121 酒柜顶细部

图1-122 床头柜（吱音）

图1-125 花蕊椅（汉斯·威格纳）

二、家具细部造型分析

通过统计学方法的统计与分析，我们可以找到家具各部分造型设计的规律与方法，这些都是指导我们进行家具造型设计的有效和重要的信息。以实木椅细部造型为例，将实木椅子分成扶手、靠背、横枨、腿四部分的空间进行造型统计与分析。

1. 扶手

扶手造型如图1-126和图1-127所示，扶手中虚空间造型如图1-128所示。

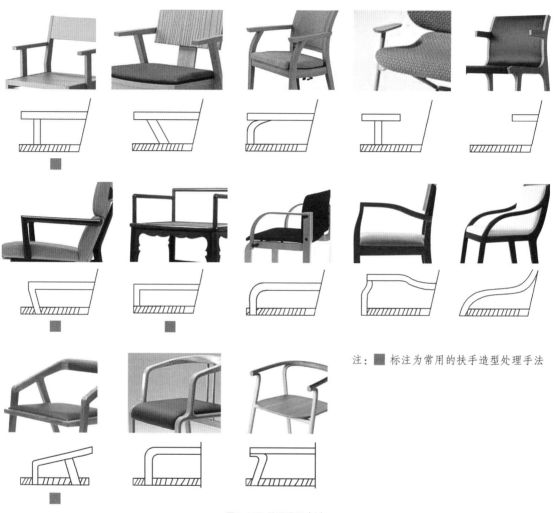

注：■ 标注为常用的扶手造型处理手法

图1-126 扶手造型（1）

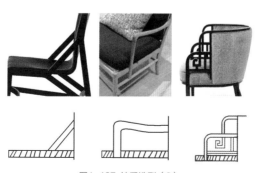

图1-127 扶手造型（2）

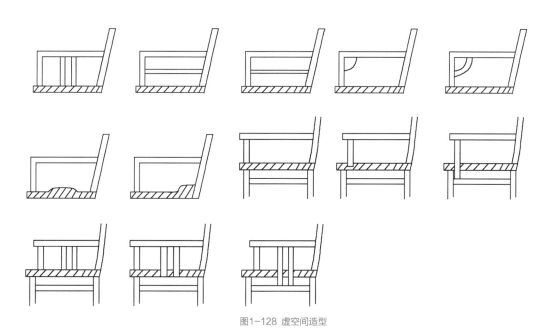

图1-128 虚空间造型

2. 靠背

以线为主要造型元素——横线，如图1-129所示。

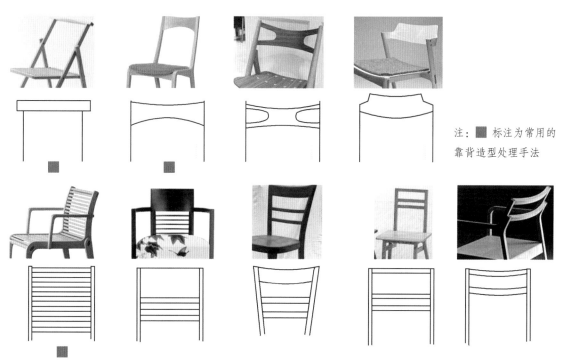

注：■ 标注为常用的
靠背造型处理手法

图1-129 横线

以线为主要造型元素——竖线，如图1-130所示。

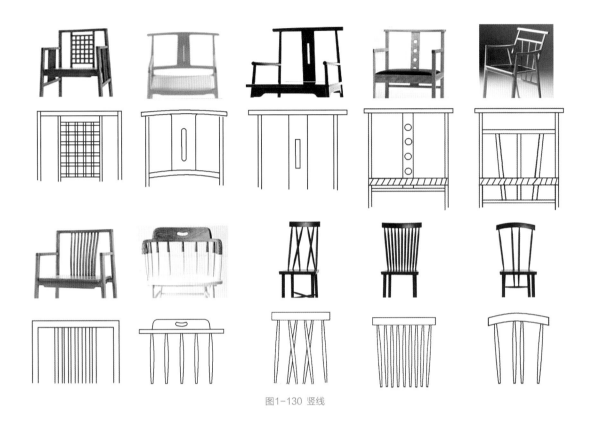

图1-130 竖线

以面为主要造型元素——实面、虚面，如图1-131所示。

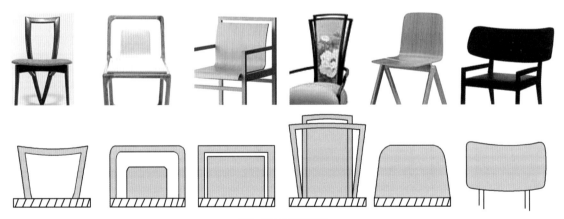

图1-131 实面和虚面

3. 横枨

以平直线条为主的横枨，如图1-132所示。

图1-132 平直线条

以斜线为主的横枨，如图1-133所示。

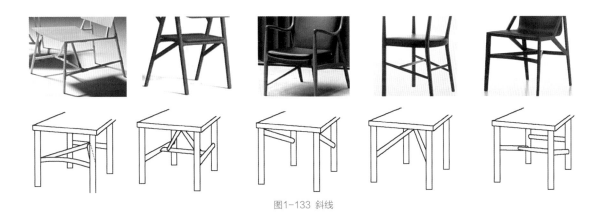

图1-133 斜线

4. 椅腿

腿与座面的关系如图1-134所示。

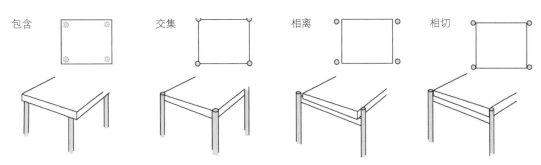

图1-134 腿与座面

后腿造型如图1-135和图1-136所示。

图1-135 后腿造型（1）

图1-136 后腿造型（2）

前腿间壶门造型如图1-137所示。

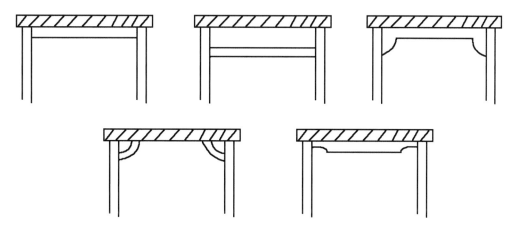

图1-137 壶门造型

从家具细部的功能上分析，主要包括物质功能和精神功能两大方面。物质功能主要指的是细部的使用目的和特殊用途，能满足人的使用需要的部分，包括结构、组合连接、形体构成等，体现的是一种物质层面的满足，是使家具能用、好用、适用的实际使用方面的内容，如起连接构造作用的榫卯细部结构等。家具细部的精神功能则是相对更高层次的精神方面的内容，它可能不会产生什么实际的使用价值，往往是一种精神体验的象征，指的是家具细部满足人们的审美及文化需求方面的功能，通过家具细部的造型因素影响人的心理感受，体现一定的文化内涵或形式美感，传递约定俗成的信息，是情感、精神、品位等的象征。

用统计法列表分析细部设计，可以应用于所有的家具或产品的细部造型设计中，不但是较为简便的方式，同时也为造型设计师积累大量的设计资料，为做好设计做铺垫。

以收纳柜结构为例，利用替代设计方法进行设计：柜门设计在悄悄发生改变，移植冰箱的柜门（图1-138）有储物功能的设计概念，家具在柜门设计同样增加了储物空间，如图1-139和图1-140所示。在使用中不但便于取放物品，同时利于物品的归类，有效提高柜内的空间使用率。

图1-138 冰柜门

图1-139 酒柜门细部

图1-140 边柜细部

>>> **课后拓展**　　　　家具细部欣赏

屏风类家具设计

10 课时

学习目标

知识目标

1 了解屏风的分类。

2 学会运用造型分类的观点分析家具产品造型，了解屏风造型设计的基本程序。

3 掌握屏风造型设计的创新方法。

4 能正确进行产品市场调研与用户调研。

5 了解材质与色彩搭配的原理。

能力目标

1 能分析项目设计任务，并制订初步实施计划。

2 能掌握造型设计理论知识，并在设计实践中加以科学应用。

3 能运用造型设计的基本方法（沿用法、移植法）进行造型创新设计。

4 能够准确表达出家具设计方案中的形态、材质和色彩。

5 能模仿优秀家具设计选择材料、色彩搭配。

素质目标

1 具有良好的工作流程确定能力。

2 具有良好的沟通协调能力。

3 具有良好的语言表达能力。

课前准备

本章节主要完成屏风类家具设计，通过一个完整的项目化案例讲解屏风类家具造型设计过程，融入完成设计项目所需具备的知识点与技能点，同时详细剖析设计过程中的重点与难点，让屏风类家具造型设计变得简易、有趣。

一、学习任务书

章节	分类		任务内容	任务活动
	学习目标（二）			
学习情境二 屏风类家具设计	课前准备	学习任务书		
		了解获得信息的途径	获得最新信息的方法与途径	课前观看
			优秀的专业搜索网站	
	课中学习	调研产品市场情况	家具市场、项目企业实地考察调研	家具展览或家具大卖场现场调研，分组调研
			市场调研要求	
		产品定位与创新设计	确定设计定位：风格、使用空间、用户需求	思维导图分组进行
			找主题与方向——思维导图	
			屏风造型设计	
			屏风造型与功能设计	
		如何进行屏风材料、色彩搭配	家具材料设计	
			家具色彩设计	
		评估与优化屏风设计	屏风人体工程学	确定方案尺寸，带 3m 卷尺进行实物尺寸丈量
			建模与渲染阶段要求	带电脑完成
	课后作业	屏风设计作业要求	—	
		规范制作 PPT、海报	报告书、PPT	作业单独完成
			海报排版	
		屏风设计欣赏	—	

二、获得最新信息的方法与途径

三、调研产品市场情况

调研产品市场情况——家具市场、项目企业实地考察调研。

（一）产品调研

家具产品开发设计过程中，产品调研具有非常重要的意义：

①通过产品调研，可以在设计初期就能迅速了解用户的需求；

②通过产品调研，可以对本企业的产品在市场和消费者的真实位置有一个正确、理性的认识；

③通过产品调研，可以在产品开发中吸收同类产品中的成功因素，从而做到扬长避短，提高本企业产品在未来市场中的竞争力；

④通过产品调研，可以在既定的成本、技术等条件下为本企业选择最佳的技术实现方案和零部件供应商。

（二）产品定位流程

产品定位流程如图2-1所示。

图2-1 产品定位流程

1. 接受项目，制订计划

项目可行性报告一般包含了客户（或企业）的要求，对产品设计的方向，潜在的市场因素，要达到的目的，项目的前景以及可能达到的市场占有率，企业实施设计方案应当具备的心理准备及承受能力。

2. 产品调研

（1）概念

产品调研，就是指运用科学的方法收集、整理、分析产品和产品在从生产制造到用户使用的过程中所发生的有关市场营销情况的资料，从而掌握市场的现状及其发展规律，为企业进行项目决策或产品设计提供依据的信息管理活动。

（2）目的

产品调研的根本目的在于通过对市场中同类产品的相应信息的收集和研究，从而为即将开始的设计研发活动确定一个基准，并用这个基准作为指导本企业产品研发的重要依据。

（3）内容

产品的历史调研：技术角度、设计角度、营销角度。

①产品的相关技术：设计师必须及时了解和掌握国内外科技发展的前沿动向，经常思考如何将新技术、新材料、新工艺应用于现有产品，不断改进和开发新产品，这也要求设计师要不断地加强学习，经常更新个人知识结构，使个人知识与科学技术始终保持同步发展。我们在对

产品进行调研时，必须对产品相关的新技术、新材料、新工艺的发展状况进行研究，并进行技术预测。产品的相关技术主要包括产品的核心技术，产品构造及生产中的各种问题，新材料的开发与运用，先进制造技术，产品的表面处理工艺，废弃材料的回收和再利用等。

②对产品现状调研（市场调研）：产品设计调研如图2-2所示。

a. 消费者需求调查；

b. 竞争对手家具产品调查；

c. 对产品的形态设计进行调查：产品的形态调查是设计现状调查的重点，它有助于清楚地了解开发中的产品在形态中所处的具体位置；

d. 对产品的色彩设计进行调研；

e. 对产品的功能设计进行调查。

（4）方法

从产品设计角度来讲，主要可分为观察法、询问法、资料分析法、问卷法四种形式。

①观察法：观察前，要根据对象的特点和调研目的事先制订周密计划，确定合理观察路径、程序和方法。观察的过程中，要运用技巧处理灵活突发事件，以便从中取得意外的、有价值的资料。在不损害他人隐私权等合法权益的前提下，调查时可采取录音、拍照、录像等手段来协助收集资料。

②询问法：询问法是一种比较常见的市场调研方法。运用询问法进行市场调研时，要事先准备好需要询问的问题要点、提出问题的形式和询问的目标对象。询问法还可以分为直接询问法、书面询问法、集体询问法、个别询问法、邮寄询问法、电话询问法等。

③资料分析法：资料分析法是工业设计师经常使用的调研方法。因为它简单可行，很容易实施，是汲取他人经验、扩展

自己的思路、避免重复工作的好途径。使用资料分析法做市场调研一定要注意所获取的资料的真实性和时效性，在可能的情况下，一定要获取第一手资料，这样的资料才有比较好的分析和利用价值。

④问卷法：事先拟定所要了解的问题，列成问卷，交消费者回答，通过对答案的分析和统计研究，得出相应结论的方法。问卷形式有开放式问卷、封闭式问卷和混合式问卷。开放式问卷由自由作答的问题组成，是非固定应答题。这类问卷，提出问题，不列可能答案，由被试者自由陈述。例：您对***座椅有什么新的看法，请写下来。

在完成市场调研基础上，定位目标用户，对目标用户进行以下内容调研，如图2-3所示。

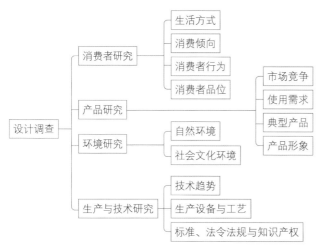

表2-2 产品设计调研图

设计定位

◆ 设计方式 Why——造型设计、功能设计
◆ 风格目标 What
◆ 设计对象 Who
◆ 使用情景 When and Where
◆ 如何使用 How

图2-3 调研内容

📖 **课中学习**

一、产品定位与创新设计

确定设计定位：风格、使用空间、用户需求，以以下案例进行解说。

案例分析：屏风设计

1 第一步
明确设计项目的要求与方向。

• 设计项目：设计一款屏风；
• 风格要求：现代风格；
• 材质要求：不限制；
• 使用空间：书房或工作室。

2 第二步
进行产品市场调研和用户需求调研，调研产品如图2-4所示。

结论1：打破常规造型。

结论2：用户需求有空间隔断；有设计感；年轻人使用。

3 第三步
产品定位，如图2-5所示。

二、找主题与方向——思维导图

1. 思维导图概念

思维导图是表达发散性思维的有效图形思维工具，它简单却又很有效，是一种实用的思维工具。思维导图运用图文并重的技巧，把各级主题的关系用相互隶属与相关的层级图表现出来，将主题关键词与图像、颜色等建立记忆链接。

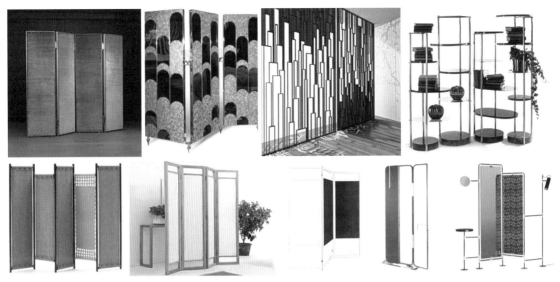

图2-4 市场调研产品图

2. 思维导图方法

①确定中心关键词语；

②由关键词想到系列的关联字词；

③确定有用和有潜力的关键词开展下一步的设计。

思维导图是一种思维的发散性训练，通过思维导图，设计师可一步步找到有价值的创新点，并从中确定1~2个价值点作为主题或者功能需求点进行设计。屏风设计的思维导图如图2-6所示。

图2-5 产品定位

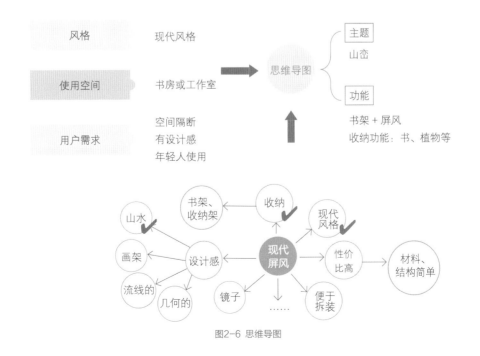

图2-6 思维导图

三、屏风造型设计

1. 概念

屏风，中国传统建筑物内部挡风用的一种家具，所谓"屏其风也"。屏风作为传统家具的重要组成部分，历史由来已久。屏风一般陈设于室内的显著位置。

2. 屏风分类

屏风是放在室内用来挡风或隔断视线的用具。从数量分类：单扇和多扇相连，多扇屏风可以折叠，如图2-7和图2-8所示。从外观造型分类：围屏、座屏、挂屏、桌屏，如图2-9至图2-12所示。从表现形式分类：半透明、封闭式及镂空式等，如图2-13至图2-15所示。屏风的分类与表现形式多样，具体选择由用户需求来决定。

3. 屏风的作用

屏风有分隔、挡风、协调和美化的作用。

图2-7 单扇屏风

图2-8 多扇屏风

图2-9 围屏

图2-10 桌屏

（1）分隔、挡风

屏风可以彰显荣耀，也可以传播道德规范，教导众生，但它的主要用途还是遮风挡煞。古建筑术语中的浮思指的就

图2-11 座屏

图2-12 挂屏

图2-13 半透明屏风

图2-14 封闭式屏风

图2-15 镂空式屏风

顶视图一字造型如图2-16所示，顶视图圆弧造型如图2-17和图2-18所示。

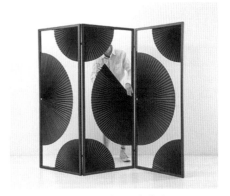

图2-16 顶视图一字造型

是门外的影壁或室内的屏风，影壁由土坯或木头制成，用于守望、防御，屏风置于室内，用于搏以隙风。影壁又称照壁，不仅可以遮挡视线，使内部景物被一面垣墙遮去，增加私密性，又有其风水学上的讲究：古人认为人死后变鬼，鬼走直线，立一墙壁，鬼就不能直冲内里，甚至鬼因看到自己的影子，会被吓走，不至于造成灾祸，所以被称为"照壁"或"影壁"。

（2）协调

传统的工艺五花八门、名类繁多。屏风隔断融实用性、欣赏性于一体。屏风隔断作为一种灵活的空间元素、装饰元素和设计元素，具有实用和艺术欣赏两方面的功能，能通过自身形状、色彩、质地、图案等特质融于丰富多元的空间环境，对于整个空间视觉效果的提升具有不可忽视的作用。

（3）美化——"移步移景"

屏风隔断，营造移步换景的效果。

屏风能展示高贵的气势，是客厅、大厅、会议室、办公室的首选。它可以根据需要自由移动摆放，与室内环境相互辉映。屏风除了分隔空间，还有装饰性的作用，既需要营造出"隔而不离"的效果，又强调其本身的艺术效果。它融实用性、欣赏性于一体，既有实用价值，又赋予屏风以新的美学内涵，绝对是极具中国传统特色的手工艺精品。

4. 屏风造型设计方法

（1）多维度分析

屏风造型设计首先从多维度对屏风产品进行造型归类与分析，找到造型的突破口。如从正视图与顶视图两个维度分析屏风的造型与创新的方法。

图2-17 顶视图圆弧造型（1）

图2-18 顶视图圆弧造型（2）

屏风的正视图造型按照点、线、面、体等几何元素进行分类。点为主的屏风如图2-19至图2-21所示,线为主的屏风如图2-22和图2-23所示,面为主的屏风如图2-24至图2-26所示。

图2-19 点为主的屏风(1)

图2-20 点为主的屏风(2)

图2-25 面为主的屏风

图2-21 点为主的屏风(3)

图2-22 线为主的屏风(1)

图2-23 线为主的屏风(2)

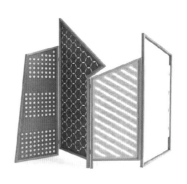

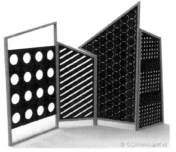

图2-26 虚实面为主的屏风

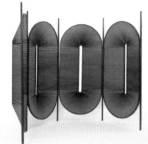

图2-24 Archiproducts产品

(2)创新设计方法

①仿生法:仿生法是屏风造型设计的常用手法。常见的造型有树木、山水等,用大自然的造型来烘托轻松、自然的气氛。仿生法设计示例如图2-27和图2-28所示。

图2-27 山水为主题的造型　　　　　　　　　　图2-28 山水主题屏风

　　②移植法：移植法以以下3个案例说明，如图2-29至图2-34所示。案例1中，《叠》将纸扇精致的美感带到屏风中，结合植物、蝴蝶立体纸裁、竹木等元素运用，作品散发着雅致、悠然、清静的气息，从新的角度挖掘扇子新形式，传承中国传统扇文化。案例2中，将毛衣的针织方法移植到屏风的设计中，让屏风增加不少温度，让人有温暖、亲切的感觉。案例3中，卢志荣的《八屏传——一扇含蓄》阐明了屏风蕴含的无穷诗意，两面传达着不同的意味及其细致之美。此屏风受传统手扇的睿智所启发，注入宣纸纯朴及轻盈的感觉，以八片漂白、薄木制作而成，它们可开可合，能延伸至意想不到的维度，也能收至重叠一起的垂直自立状态。

案例1

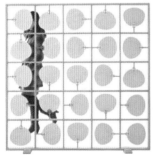

图2-29《叠》屏风

案例2

图2-30 毛衣针织　　　　　　　图2-31 针织毛线　　　　　　　图2-32 针织屏风

案例 3

图2-33 中国扇

图2-34《八屏传——一扇含蓄》(卢志荣设计)

四、屏风造型与功能设计

不一样的环境需要的屏风功能自然不同,如办公空间的屏风、居家空间的屏风、酒店大堂屏风等。因此,进行屏风功能设计前,首先对屏风所使用的环境进行调研,功能必须与环境相融合、协调。屏风使用空间分析如图2-35所示。功能性屏风如图2-36和图2-37所示。

用户需求	屏风产品功能

办公空间
— 集体办公空间
— 小型会议空间
— 娱乐空间
— 会客空间

家居/酒店空间
— 房间空间
— 休闲空间
— 浴室空间

公共空间:酒店大堂空间

图2-35 屏风使用空间分析

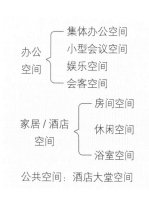

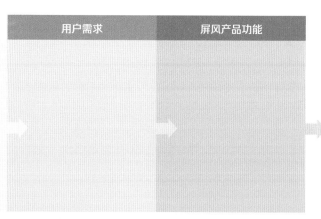

图2-36 功能性屏风(1)

图2-37 功能性屏风(2)

对于家居空间，屏风功能有以下需求：美化（风格）、梳妆、收纳（挂衣、化妆物件）、遮蔽、绿化等，如图2-38至图2-43所示。

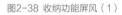

图2-38 收纳功能屏风（1）

图2-39 收纳功能屏风（2）

图2-40 收纳功能屏风（3）

图2-41 收纳功能屏风（4）

图2-42 绿化屏风

图2-43 花架屏风

办公空间按用途来分可分为以下几个区域：集体办公空间、小型会议空间、会客区、等候区等。这些区域因功能性不用，对屏风的使用需求不一样。

对于集体办公空间，屏风功能有空间隔断的需求，如图2-44所示。

图2-44 办公室屏风

对于集体办公和办公桌空间，屏风功能有以下需求：遮蔽、记录和收纳等，如图2-45和图2-46所示。

对于小型会议空间，屏风功能有以下需求：遮蔽、记录、半封闭空间，如图2-47至图2-49所示。

对于办公空间会客或等候区，屏风功能有以下需求：遮蔽、沟通、半封闭空间、收纳、使用电子设备，如图2-50所示。

对于商业用屏风，功能有以下需求：遮蔽、美化（与商业空间风格统一），如图2-51至图2-54所示。

图2-48 多功能屏风（1）

图2-45 桌屏

图2-49 多功能屏风（2）

图2-46 功能性桌屏

图2-50 高屏风

图2-47 小型会议室屏风墙

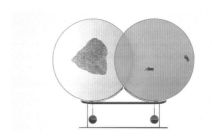

图2-51 戏石屏风（卢志荣设计）

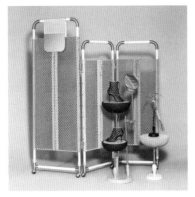

图2-52 商业空间屏风

图2-53 装饰屏风

图2-54《山间》屏风

五、屏风材料、色彩搭配

（一）家具材料设计

设计师"准确选材"是家具造型设计的关键。家具造型之所以能够给观赏者以美感，也是基于它的形态、色彩、材质三个方面的因素。任何家具都是通过材料去创造形态的，没有合适的材料，那独特的造型则难以实现，就家具的形态、色彩、材质而言，其实是依附于材料和工艺技术的，并通过工艺技术体现出来。

1. 了解家具材料与特征

家具材料有两类：一为自然材料（如木、竹、藤等），二为人工材料（如塑料、玻璃、金属等）。以木家具为例：实木家具和板式家具。

（1）实木家具

日常实木家具常用的木材有：水曲柳、橡木（白橡、红橡）、橡胶木、松木、榉木、胡桃木、柚木、杉木、香樟木、榆木、楠木（金丝楠）、樱桃木、枫木等。

（2）板式家具

板式家具指以人造板为主要基材、以贴面方式生产而成的拆装组合式家具。板式家具常见的饰面材料有天然木材饰面单板（俗称木皮）、木纹纸（俗称纸皮）、PVC胶板、防火板、漆面等。

如何选择木材？选择木材必须与家具造型、家具风格、家具性格相呼应，下面我们看看木材与性格。

①松木：由于环保日益被重视，实木家具开始慢慢增多，其中松木家具占了很大一部分，特别是儿童家具许多都是采用松木的。松木如图2-55所示。

②橡木：橡木是大家所喜爱的一种装饰木材，红橡是木黄色偏粉红，白橡是浅黄色。橡木特点是重、硬，纹理直，结构粗，色泽淡雅，纹理美观，直纹比较好看。橡木家具如图2-56所示。

③水曲柳：水曲柳又名白蜡木。装饰面板中用得最好的就是水曲柳面板。水曲柳纹路美观清晰，如作为饰面板或家具，刷清漆或刷白能最大程度地体现出它美丽的花纹，适合现代简约的风格。水曲柳家具如图2-57所示。

④榆木：榆木材幅宽大，有"鸡翅木"的花纹，榆木做的家具纹理粗犷，风格质朴。榆木家具如图2-58所示。

⑤榉木：榉木是打造家具的良材，可作为床、桌、柜等用材。榉木也可以作为饰面板，红榉饰面板不

少人装修都有采用。榉木如图2-59所示。

⑥樱桃木：进口樱桃木主要产自欧洲和北美，木材浅黄褐色，纹理雅致，弦切面为中等的抛物线花纹，间有小圈纹。樱桃木也是高档木材，做家具也是通常用木皮，很少用实木。樱桃木家具如图2-60所示。

⑦胡桃木：高端欧式家具多采用胡桃木。胡桃木是世界上深受人们喜爱的珍贵木材之一。黑胡桃呈浅黑褐色带紫色，弦切面为美丽的大抛物线花纹（大山纹）。黑胡桃非常昂贵，做家具通常用木皮，极少用实木。胡桃木家具如图2-61所示。

⑧北美硬枫：北美硬枫木纹理细腻清晰，抛光性极好，稳定性高，是贵族树种之一。枫木家具如图2-62所示。

2. 根据设计方案的风格、主题、价格定位选材料与工艺

人们对材料肌理质地的感受主要是通过视觉和触觉来反映的，通过视觉可以感受纹理、凹凸、色彩、光泽、透明度等，通过触觉可以感受材质质地的差异，如粗糙、光滑、柔软、坚硬等。由此带给人心理上冷、热、软、硬、粗、细等各种感受。

材料和肌理的不同，使得家具在加工技术上带给人视觉和触觉上的感受不同。清漆、木蜡油、封闭漆如图2-63所示，工艺成品如图2-64所示。

①清漆：清漆是油漆的一种。清漆光泽好，涂刷后会呈现木材原有的天然纹理。

②蜡油：蜡油是采用亚麻籽油、向日葵油、豆油、巴西棕榈蜡等天然植物油与植物蜡并配合其他天然植物成分融合而成的环保有机木器涂料。木蜡油亚光，涂刷后能够清晰地看到木材的天然纹理。

③封闭漆：封闭式油漆是以将木材管孔深深地掩埋在透明涂膜层里为主要特征

图2-55 松木

图2-56 橡木收纳柜

图2-57 水曲柳茶几

图2-58 榆木几案

图2-59 榉木

图2-60 樱桃木边柜

图2-61 胡桃木书桌

图2-62 枫木餐桌

图2-63 清漆、木蜡油、封闭漆

图2-64 工艺与成品效果

的一种涂饰工艺。

3. 材料肌理与心理

①材料肌理影响形态的"性格"：即使形状要素完全相同，如果材料肌理不同的话，形态特征也会发生很大的变化，如图2-65所示。

②肌理影响形态的体量感：粗糙、无光泽使形体显得厚重、含蓄、温和，光滑、细腻、有光泽的肌理则使形体显得轻巧、洁净。

③肌理能改变产品与人的关系：肌理柔软时，显得友善、可爱、诱人；肌理坚硬时，显得沉重、排斥、引人注目，如图2-66所示。

4. 进行材料、肌理与色彩搭配

由于材料本身所具有的特性，通过人工处理令其表面质感更为张扬：使光滑的材料有流畅之美，粗糙的材料有古朴之貌，柔软的材料有肌肤之感……这些材质的处理还能使家具产生轻重感、软硬感、明暗感、冷暖感，因此，家具材料的恰当运用不仅能强化家具的艺术效果，而且也是体现家具品质的重要标志。

①材料的肌理应符合家具的功能要求；

②材料的肌理应符合家具的风格定位要求；

③材料的肌理应符合家具的"性格定位"要求。

图2-65 不同材质产生不同肌理

图2-66 不同肌理表现不同特征

（二）家具色彩设计

色彩是家具造型设计构成要素之一。由于色彩本身的视觉因素，具有极强的表现力。色彩本身不能存在，它必须附着于材料，在光的作用下，才能呈现。色彩的十二色相如图2-67所示。

1. 色彩的感知与心理作用

人类的情感影响着其对色彩的感知，色彩的差异也同样对人类的心理产生作用，影响着人类的情感。

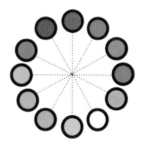

图2-67 十二色相

（1）色彩的感觉与心理

色彩的感觉是人的视觉生理机能经过反复的视觉经验而形成的心理感受。如色彩的冷暖感觉、重量感觉、软硬感觉、胀缩感觉、远近感觉等。色彩的不同视觉感受对人们施加的心理作用主要表现在：冷暖、象征、个人喜好、情感反应以及生理反应。材质色彩与心理如图2-68所示。

① 红色：活力、力量、温暖、坚持、愤怒、急躁；

② 粉红：冷静、关怀、善意、无私的爱；

③ 橙色/桃色：喜悦、安全、创造力、刺激；

④ 黄色：快乐、思维刺激、乐观、担心；

⑤ 绿色：和谐、放松、和平、镇静、真诚、满意、慷慨；

⑥ 青绿色：思维镇定、集中、自信、恢复；

⑦ 蓝色：和平、宽广、希望、忠诚、灵活、容忍；

⑧ 深紫蓝色/紫罗兰色：灵性、直觉、灵感、纯洁、沉思；

⑨ 白色：和平、纯洁、孤立、宽广；

⑩ 黑色：温柔、保护、限制；

⑪ 灰色：独立、分离、孤独、自省；

⑫ 银色：变化、平衡、温柔、感性；

⑬ 金色：智慧、富足、理想；

⑭ 棕色：世俗、退却、狭隘。

（2）色彩与材料

色彩是表达家具造型美感的一种很重要的手段，是家具设计的主导因素之一。如果运用恰当，常常起到丰富造型、突出功能、表达家具不同气氛和性格的作用。色彩在家具上的应用，主要包括两个方面：家具色彩的整体调配和家具造型上色彩的安排。具体表现在家具的整体色调、家具的色彩构成和色光的运用。家具色彩具体有：木材固有色，涂饰色，装饰色，现代工业色，织物色等。

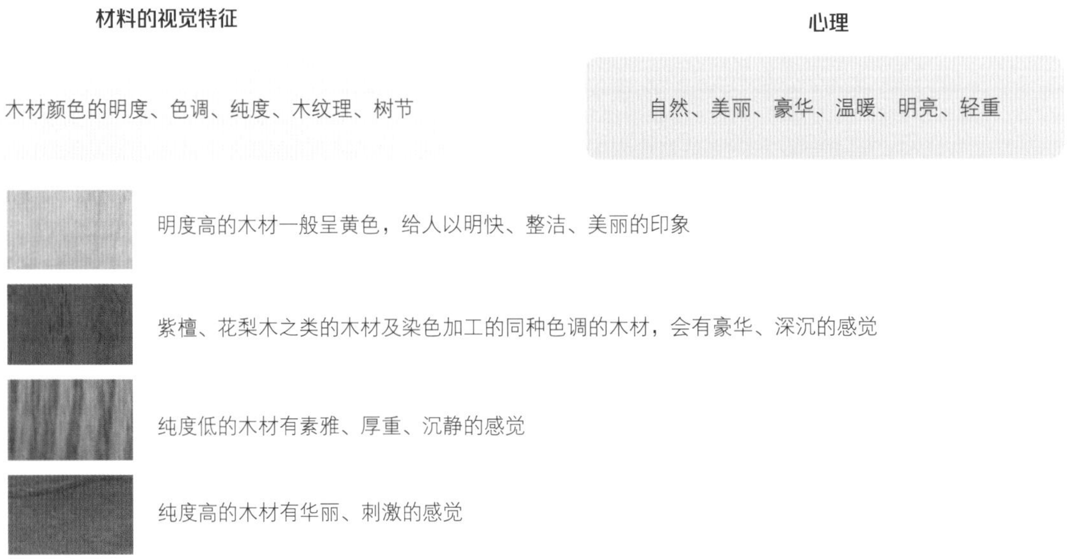

材料的视觉特征	心理
木材颜色的明度、色调、纯度、木纹理、树节	自然、美丽、豪华、温暖、明亮、轻重

 明度高的木材一般呈黄色，给人以明快、整洁、美丽的印象

 紫檀、花梨木之类的木材及染色加工的同种色调的木材，会有豪华、深沉的感觉

 纯度低的木材有素雅、厚重、沉静的感觉

 纯度高的木材有华丽、刺激的感觉

图2-68 材质色彩与心理

木材固有色：

①红色：有紫檀、降香黄檀、香椿、樟木等；

②红褐色：有红豆杉、紫杉、黄杉、洋松、柳杉、侧柏、桧柏、铁力木等；

③黄色：有乌檀、黄栀子、黄梁木、鱼骨木、黄杨等；

④黑色：有乌木、印度乌木等；

⑤白至灰色：有美国冬青木、木棉等；

除了具有十分丰富的天然木色外，木材还具有良好的着色性，它可通过染色处理加工成各种人工色，还可通过油漆着色。所以木家具可根据设计需要得到各种色彩，取得丰富多彩的色彩装饰效果。

2. 色彩与家具造型

家具与空间的颜色可以向人们传达不同的信息，从而影响人们的情绪和工作状态。如图2-69所示办公空间色彩设计，色彩赋予空间不同的功能与意义。图2-69所示是橘红与灰色的搭配，橘红色跳跃，颜色心理暗示喜悦、安全、创造力、刺激，符合讨论区的空间功能，使用者在空间内思维更为活跃。图2-70所示是办公休闲等待区，蓝色的颜色心理暗示和平、宽广、希望、忠诚、灵活、容忍。据研究显示，蓝色是让人忽略时间的颜色，蓝色的空间让人平静、舒畅。图2-71所示是疗养院空间，色彩原木色+白色，白色暗示和平、纯洁、孤立、宽广，原木色接近淡黄色，颜色心理暗示快乐、乐观，而这搭配让空间干净、宁静而温馨。可见，不同色彩带来不同的心理感受，我们需要熟悉不同的材质会给家具及空间怎样的性格与特征。如图2-72所示白蜡木（水曲柳）家具+木蜡油，清新自然。

如图2-73所示老榆木+深色木蜡，家具产品端庄、稳重。黑胡桃+原色木蜡油，家具产品轻奢、优雅。

3. 屏风类家具色彩设计方法

单色相设计，无色彩设计，原木色+无色彩设计。

（1）单色相设计

单色相设计是根据环境综合需要，选择一种适宜的色相，充分利用明度和彩度的变化，可以得到统一中微妙的变化。特点是具有统一的易于创造鲜明的色彩感，

图2-70 耐心、休闲等待

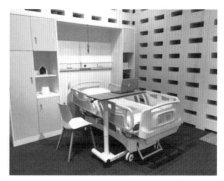

图2-71 休养、平静

图2-69 激情活跃的讨论

图2-72 水曲柳家具

充满单纯而特殊的色彩韵味，适用于功能要求较高的公共建筑分区布置的家具及小型静态活动空间家具的应用。单色相设计的屏风如图2-74所示。

（2）无彩色调的运用

从物理学的观点，黑、白、灰不算颜色，理由是可见光谱中没有这三种颜色，故称无彩色。无彩色没有彩度，且不属于色相环，但在色彩组合搭配时，常成为基本色调，与任何色彩都可配合。无彩色+纯色设计如图2-75所示。

①黑色由于其消极性能使相邻的色显眼，当它与某个色彩相处一起时，可使这个色彩显得更为鲜艳。

②白色根据所处色彩环境的不同，可变为暖色或冷色，白色的家具给人以干净、纯洁的感觉。

③灰色是黑白相间的中间调无彩色，具有黑、白两色综合特性，对相邻任何色彩没有丝毫影响，无论哪一种色彩都能把固有的感情原样表现出来，灰色显得比较中性，是理想的背景色。

（3）原木色+色彩/无色彩

在我们的日常生活中，有相当多的家具是木质的。木材是一种天然材料，它的固有色成了体现天然材质的最好媒介。现代家具十分讲究运用木材的自然本色，以它质朴的材料质感，赢得了很好的艺术效果。原木色+色彩/无色彩屏风设计如图2-76至图2-78所示。

图2-73 老榆木家具

图2-74 单色屏风搭配

图2-75 无彩色+纯色设计

4．家具色彩设计原则

首先，要考虑色相的选择，色相的不同，所获得的色彩效果也就不同。这必须从家具的整体出发，结合功能、造型、环境进行适当选择。例如家居生活用的套装家具，多采用偏暖的浅色或中性色，以获得明快、协调、雅静的效果，如图2-79所示。

在家具造型上进行色彩的调配，要注意掌握好明度的层次。若明度太相近，主次易含混、平淡。一般说来，色彩的明度以稍有间隔为好；但相隔太大则色彩容易失调，同一色相的不同明度以相距三度为宜。在色彩的配合上，

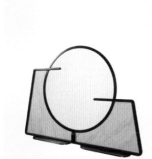

图2-76　原木色+色彩

图2-77　原木色+无色彩（1）

图2-78　原木色+无色彩（2）

图2-79　橱柜色彩搭配

明度的大小还显示出不同的"重量感"，明度大的色彩显得轻快，明度小的色彩显得沉重。因此，在家具造型上，常用色彩的明度大小来求得家具造型的稳定与均衡。如图2-79所示橙色的增加不但可以活跃橱柜的颜色搭配与气氛，同时在功能上也能达到很好的分区，使整套家具活泼、明亮，橙色的选择在颜色心理学上也增加"食欲"，符合橱柜的功能性。

在色彩的调配上，还要注意色彩的纯度关系。除特殊功能的家具（如儿童家具）用饱和色外，一般用色宜改变其纯度，降低鲜明感，选用较沉稳的"明调"或"暗调"，以达到不刺目、不火气的色彩效果。

六、评估与优化屏风设计

评估，通常指对某一事物的价值或状态进行定性、定量的分析说明和评价的过程。

（一）实用性评估

实用性主要指家具产品的功能是否满足使用者的需求，并是否符合人体工程学及家具结构强度要求。

家具产品设计的首要条件是满足实用性，产品必须能满足自身的功能作用。在实用的前提下，再来开发时尚、优美的线条。

在面向市场设计的家具中，是否能满足消费者在某方面的功能需求，是家具产品获得市场认可的最基本的条件。因此，在设计前期对使用者需求的考虑是非常重要的。在产品的功能和外观设计出来之后，还必须符合人体工程学和家具结构强度要求，这是一项合格产品所必须具备的。

室内屏风式隔断在不同程度上起到了隔音和遮挡视线的作用，而且还能划分室内的范围和通行通道。隔断的高度是为了遮挡人的视线，人的体位决定隔断高度。根据是把隔断一侧坐着的人的视线与另一侧站着的人的视线隔开，还是分隔两侧坐着的人的视线，可以把隔断设计成三种高度。高的隔断在界定分区时相当有用，但最好能配合较低的隔断，尤其在视觉接触的区域更是如此。

（二）舒适性评估

舒适性是家具设计的主要目标。要设计出舒适的家具就必须符合人体工程学的原理，并对生活有细致的观察、体验和分析。如沙发的座高、弹性、靠背的倾角等都要充分考虑人的使用状态、体压分布以及动态特征，以其必要的舒适性来最大限度地消除人的疲劳，保证休息质量。

屏风根据用途可分为家用屏风隔断、商业用屏风隔断、办公用屏风隔断。

（1）家用屏风隔断

用以间隔的，一般以封闭式为好，高度在略高于人的水平视线之上。用以围角的，可采用镂空式，显得活泼而有生气。如果是用来遮挡来往人的视线，最好将屏风做成90°形式。

（2）商业用屏风隔断

商业用屏风隔断一般都采用活动屏风隔断，实际高度和大小按照空间的大小以及需求来确定，安装时不要顶住天花顶部，否则不利于以后的拆卸和重新安装，如果选择过小的活动隔断屏风，摆放在大室内的时候会产生很强烈的压迫感。

（3）办公用屏风隔断

办公屏风始于20世纪60年代罗伯特·普罗佩斯特创立的办公桌屏风。办公屏风用于将开放式的办公室隔成若干区域、房间以及用于座位的隔断，按不同高度可以把办公屏风分为办公桌屏风、高隔屏风，如图2-80所示。

不同的使用空间与使用需求，办公用屏风有不一样的尺寸要求。

①1800mm 屏风高度适用于会议室及人员室：如图2-81所示屏风适合需要宁静工作环境的工作人员。

②1500mm站立高度屏风：采用稍矮的1500mm的屏风，在站立时不会阻碍视线，而且能为员工创造私人空间，有利于提高工作效率，构成方便、和谐的工作环境。

③1350mm中等高度屏风：采用1350mm高屏风，既可尽览室内的工作情况，也方便工作人员间的沟通，构成方便、和谐的工作环境，提高工作效率。

图2-80 Yovo Bozhinovski工作室办公屏风

图2-81 几何办公屏风

图2-82 Yovo Bozhinovski工作室 1200mm办公屏风

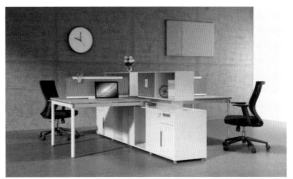

图2-83 办公家具与桌屏

④1200mm坐式高度屏风：如图2-82所示，此高度的屏风既为工作人员提供一个工作空间，如在屏风上再放上一块小桌板，又可作接待柜使用，灵活方便。

⑤900mm开放式高度屏风：此种屏风也具有1050mm高度屏风的优点。选用矮屏风装置的工作空间，可有效地提高工作人员之间的联系，而且具有宽敞的感觉。

⑥350mm桌面屏风：流行的桌面屏风，颜色变化多样，刚好可以挡住一般的液晶屏幕，方便员工之间的交流，也能让办公空间有效分隔。桌面屏风如图2-83所示。

屏风尺寸标注法规则：如图2-84所示这款屏风隔断尺寸为：高1490mm×宽450mm×厚20mm（单扇）。

（三）美观性评估

美观性主要指家具产品符合造型美学因素，色彩、肌理等搭配协调。在满足了实用性之后，家具产品还需要具有美观性，让消费者乐于接受。美观性属于美学的范畴，涉及点、线、面、体的组合、辩证关系，以及虚实、均衡、韵律、主次等美学法则，色彩的冷暖等心理要素，肌理搭配等视觉、知觉特点等，是一种比较综合的应用艺术。美观性要遵循以下美学原则。

图2-84 折叠屏风

1. 比例与尺度的统一

我们将各方向度量之间的关系及物体的局部和整体之间形式美的关系称为比例，良好的比例是获得物体形式上完美和谐的基本条件。对于家具造型的比例来说，它具有两方面的内容：一方面是家具整体的比例，它与人体尺度、材料结构及其使用功能有密切的关系；另一方面是家具整体与局部或各局部之间的尺寸关系。

和比例密切相关的家具特性是尺度，比例与尺度都是处理构件的相对尺寸，比例是指一个组合构图中各个部分之间的关系，尺度则特指相对于某些已知标准或公认常量对物体的大小。

家具尺度并不限于一个单系列的关系，一件或一套家具可以同时与整个空间、家具彼此之间以及与使用家具的人们发生关系，有着正常合乎规律的尺度关系。超过常用的尺度可用以吸引注意力，也可以形成或强调环境气氛，如家具设计中比例与尺度的夸张运用。

2. 统一中求变化，变化中求统一

统一：指不同的组成部分按照一定的规律有机地组成一个整体。

变化：指在不破坏整体统一的基础上，强调各部分的差异，求得造型的丰富多彩。

具体到家具设计就是指把若干个不同的组成部分（如家具与家具之间以及家具各部分之间）按照一定的规律和内在联系有机地组成一个完整的整体，形成一种一致的或具有一致趋势的感觉。如图2-85所示为卢志荣戏石屏风设计。

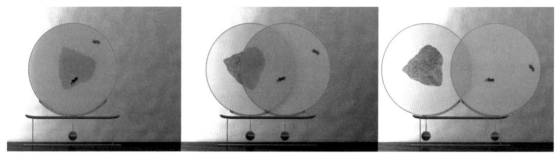

图2-85 戏石屏风（卢志荣设计）

统一在家具中的最简单的表现手法是协调和重复，将某些因素协调一致，将某些零部件重复使用，在简单的重复中得到统一。

3. 对称与均衡的统一

对称是指家具造型中心点两边或四周的形态相同而形成的稳定现象，包括左右对称和上下对称，如图2-86所示可折叠的屏风。

均衡是指家具一个形态或一组形态中两个相对部分或两个形态不同，但因量感相似而形成的平衡现象。均衡是非对称的平衡，指一个形式中的两个相对部分不均等，但因量的感觉相似而形成的平衡现象，如图2-87所示屏风，从形式上看，是不规则中有变化的平衡。

4. 协调与对比的统一

协调与对比是反映和说明事物同类性质和特性之间相似和差异的程度，在论述艺术形式时，经常涉及有机整体的概念，这种有机整体是内容上内在发展规律的反映。如图2-88所示金属多功能屏风，屏风材质与风格是统一协调的，造型上运用左右对比，突出屏风的功能点，也使产品俏皮可爱。

图2-86 可折叠的屏风

图2-87 造型均衡的屏风

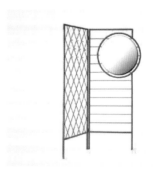

图2-88 金属多功能屏风

5. 重复与韵律的统一

重复是产生韵律的条件，韵律是重复的艺术效果，韵律具有变化的特征，而重复则是统一的手段。

在家具造型设计上，韵律的产生是指某种图形、线条、形体、单件与组合有规律地不断重复呈现或有组织地重复变化，它可以使造型设计的作品产生节律和畅快的美感，直至增强造型感染力的作用，如图2-89所示。这一艺术处理手法也被广泛应用，表现类型有反复与渐变两种。

（四）建模与渲染阶段要求

建模与渲染阶段要求可参考座椅要求。

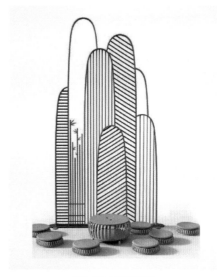

图2-89 重复与韵律

>>> 课后拓展

一、屏风设计作业要求

二、规范制作PPT、海报

三、屏风设计欣赏

屏风设计欣赏如图2-90至图2-92所示。

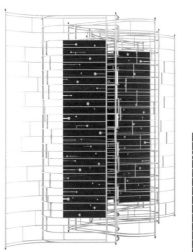
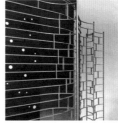

图2-90 "一叠无际"屏风

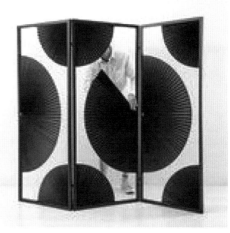

图2-91 屏风

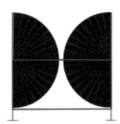
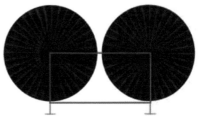

图2-92 多功能屏风

几案类家具设计

10 课时

学习目标

知识目标

1 了解茶几的分类。

2 学会运用形态分类的观点分析家具产品形态，了解茶几造型设计的基本程序。

3 掌握茶几造型设计的创新方法。

4 能正确进行产品市场调研与用户调研。

能力目标

1 能分析项目设计任务，并制订初步实施计划。

2 能运用造型设计的基本方法（移植法、仿生法）进行茶几造型创新设计。

3 能掌握造型设计理论知识，并在设计实践中加以科学应用。

4 能模仿优秀家具设计选择材料、色彩搭配。

素质目标

1 具有善于观察、勤于思考、敢于实践的科学态度和创新求实的开拓精神。

2 具有良好的沟通协调能力。

3 具有良好的语言表达能力。

课前准备

　　本章节主要完成以茶几为主的几案类家具设计，通过一个完整的项目化几案类家具造型设计过程，融入完成设计所需具备的知识点与技能点，同时详细剖析设计过程中的重点与难点，让几案类家具造型设计变得简易、有趣。

一、学习任务书

章节	分类	任务内容		任务活动
		学习目标（三）		
	课前准备	学习任务书		
		了解获得信息的途径	获得最新信息的方法与途径	课前观看
			优秀的专业搜索网站	
		调研产品市场情况	家具市场，项目企业实地考察调研（PPT）	分组调研
			市场调研要求	
			确定设计定位: 风格、使用空间、用户需求	
学习情境三 几案类家具设计	课中学习	产品定位与创新设计	找主题与方向——思维导图	思维导图分组进行
			茶几造型设计	
			茶几造型与功能设计	
		如何进行屏风材料、色彩搭配	家具材料设计	
			家具色彩设计	
		评估与优化屏风设计	茶几人体工程学	确定方案尺寸，带 3m 卷尺进行实物丈量尺寸
			建模与渲染阶段要求	带电脑完成
	课后作业	茶几设计作业要求		
		规范制作 PPT、海报	报告书、PPT	作业单独完成
			海报排版	
		茶几设计欣赏		

二、获得最新信息的方法与途径

三、调研产品市场情况

调研产品市场情况——家具市场，项目企业实地考察调研。

（一）产品调研

家具产品开发设计过程中，产品调研具有非常重要的意义：

①通过产品调研，可以在设计初期就能迅速了解用户的需求；

②通过产品调研，可以对本企业的产品在市场和消费者的真实位置有一个正确、理性的认识。

③通过产品调研，可以在产品开发中吸收同类产品中的成功因素，从而做到扬长避短，提高本企业产品在未来市场中的竞争力。

④通过产品调研，可以在既定的成本、技术等条件下为本企业选择最佳的技术实现方案和零部件供应商。

（二）产品定位流程

产品定位流程如图3-1所示。

图3-1 市场调研流程

1. 接受项目，制订计划

项目可行性报告一般包含了客户（或企业）的要求，对产品设计的方向，潜在的市场因素，要达到的目的，项目的前景以及可能达到的市场占有率，企业实施设计方案应当具备的心理准备及承受能力。

2. 产品调研

（1）概念

产品调研，就是指运用科学的方法收集、整理、分析产品和产品在从生产制造到用户使用的过程中所发生的有关市场营销情况的资料，从而掌握市场的现状及其发展规律，为企业进行项目决策或产品设计提供依据的信息管理活动。

（2）目的

产品调研的根本目的在于通过对市场中同类产品的相应信息的收集和研究，从而为即将开始的设计研发活动确定一个基准，并用这个基准作为指导本企业产品研发的重要依据。

（3）内容

产品的历史调研：技术角度、设计角度、营销角度。

①产品的相关技术：设计师必须及时了解和掌握国内外科技发展的前沿动向，经常思考如何将新技术、新材料、新工艺应用于现有产品，不断改进和开发新产品，这也要求设计师要不断地加强学习，经常更新个人的知识结构，使个人知识与科学技术始终保持同步发展。我们在对产品进行调研时，必须对产品相关的新技术，新材料、新工艺的发展状况进行研究，并进行技术预测。产品的相关技术主要包括产品的核心技术，产品构造及生产中的各种问题，新材料的开发与运用，先进制造技术，产品的表面处理工艺，废弃材料的回收和再利用等。

②对产品现状调研（市场调研）：产品设计调研如图3-2所示。

a. 对消费者需求进行调查；

b. 对竞争对手家具产品进行调查；

c. 对产品的形态设计进行调查：产品的形态调查是设计现状调查的重点，它有助于清楚地了解开发中

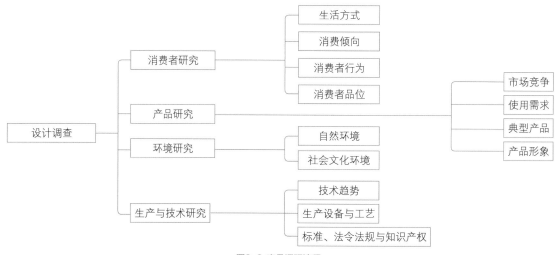

图3-2 产品调研流程

的产品在形态中所处的具体位置；

d. 对产品的色彩设计进行调研；

e. 对产品的功能设计进行调查。

（4）方法

从产品设计角度来讲，主要可分为观察法、询问法、资料分析法、问卷法四种形式。

①观察法：观察前要根据对象的特点和调研目的事先制订周密计划，确定合理观察路径、程序和方法。观察的过程中，要运用技巧处理灵活突发事件，以便从中取得意外的、有价值的资料。在不损害他人隐私权等合法权益的前提下，调查时可采取录音、拍照、录像等手段来协助收集资料。

②询问法：询问法是一种比较常见的市场调研方法。运用询问法进行市场调研时，要事先准备好需要询问的问题要点、提出问题的形式和询问的目标对象。询问法还可以分为直接询问法、书面询问法、集体询问法、个别询问法、邮寄询问法、电话询问法等。

③资料分析法：资料分析法是工业设计师经常使用的调研方法。因为它简单可行，很容易实施，是汲取他人经验、扩展自己的思路、避免重复工作的好途径。使用资料分析法做市场调研一定要注意所获取的资料的真实性和时效性，在可能的情况下，一定要获取第一手资料，这样的资料才有比较好的分析和利用价值。

④问卷法：事先拟定所要了解的问题，列成问卷，交消费者回答，通过对答案的分析和统计研究，得出相应结论的方法。问卷形式有开放式问卷、封闭式问卷和混合式问卷。开放式问卷由自由作答的问题组成，是非固定应答题。这类问卷，提出问题，不列可能答案，由被试者自由陈述。例：您对***茶几有什么新的看法，请写下来。

在完成市场调研基础上，定位目标用户，对目标用户进行以下内容调研，如图3-3所示。

设计定位

◆ 设计方式 Why——造型设计、功能设计

◆ 风格目标 What

◆ 设计对象 Who

◆ 使用情景 When and Where

◆ 如何使用 How

图3-3 调研内容

📖 课中学习

一、产品定位与创新设计

确定设计定位：风格、使用空间、用户需求，以以下案例进行解说。

案例分析：茶几设计

1 第一步
明确设计项目的要求与方向。

- 设计项目：设计一款家用茶几；
- 风格要求：新中式风格；
- 材质要求：实木、板式；
- 使用空间：民用家具，客厅。

2 第二步
进行产品市场调研和用户需求调研，调研产品如图3-4所示。

结论1：打破常规造型。

结论2：用户需求有收纳（遥控器、茶具等）、泡茶习惯、强收纳。

图3-4 市场调研产品

3 第三步
产品定位，如图3-5所示。

风格	新中式风格
使用空间	客厅
用户需求	收纳：遥控器、茶具等 泡茶习惯 强收纳

图3-5 产品定位

二、找主题与方向——思维导图

思维导图方法：

①确定中心关键词语；

②由关键词想到系列的关联字词；

③确定有用和有潜力的关键词开展下一步的设计。

延续茶几案例进行解说：

根据调研所得，并结合思维导图进行进一步推理，得到家具造型设计的创新点，如图3-6所示。

思维导图是一种思维的发散性训练，通过思维导图，设计师可一步步找到有价值的创新点，并从中确定1~2个价值点作为主题或者功能需求点进行设计。

三、茶几造型设计

1. 概念

茶几指两把椅子中间夹一个几，用以放杯盘茶具，故名茶几。

2. 用途

茶几一般都是放在客厅沙发的位置，主要用于放置茶杯、泡茶用具、酒杯、水果、水果刀、烟灰缸、花等。

3. 分类

（1）按材质分类

按材质分有木质茶几、大理石茶几、

玻璃茶几、金属茶几和竹藤茶几，如图3-7所示。

（2）按功能分类

按功能分有装饰性茶几和功能性茶几。装饰性茶几如图3-8至图3-10所示，功能性茶几如图3-11至图3-13所示。

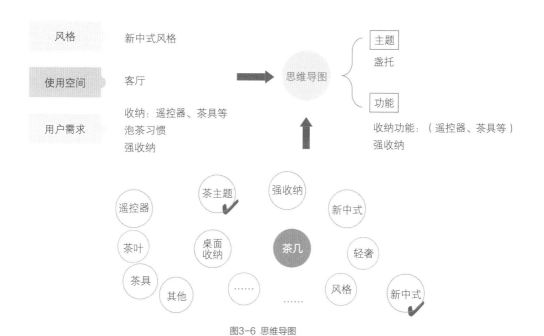

图3-6 思维导图

图3-7 木质茶几、大理石茶几、玻璃茶几、竹藤茶几

图3-8 皮茶几　　　　　　　　图3-9 钟表茶几　　　　　　　　图3-10 金属茶几

图3-11 可升降茶几

图3-12 多功能茶几

图3-13 多层茶几

4．茶几、角几造型分析

在所有的家具中，茶几（图3-14）是造型空间比较大的一款家具，它的功能需求比较简单，承重的要求不高。同时，因为茶几常常与客厅的座椅或沙发一并摆设，因此茶几的风格、材质要与沙发相配。

茶几的造型分析如图3-15所示。

图3-14 茶几

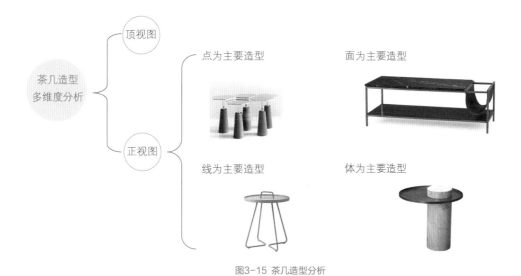

图3-15 茶几造型分析

点为主要造型的茶几如图3-16所示，线为主要造型的茶几如图3-17所示，面为主要造型的茶几如图3-18所示，体为主要造型的茶几如图3-19所示。设计者需要在设计前对茶几的造型进行清晰分类，这样有利于针对不同的风格进行造型的设计。

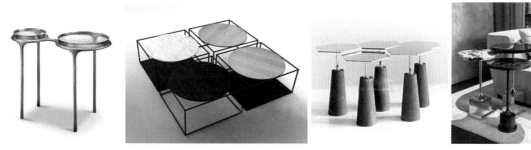

图3-16 以点为主要造型的茶几

图3-17 以线为主要造型的茶几

图3-18 以面为主要造型的茶几

5. 茶几、角几造型设计方法

家具造型设计是家具设计的基础，其任务是为家具产品赋予材料、形态、结构、色彩、表面加工及装饰等造型元素。茶几、角几造型设计流程如图3-20所示。

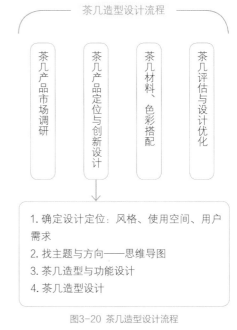

茶几造型设计流程

茶几产品市场调研 —— 茶几产品定位与创新设计 —— 茶几材料、色彩搭配 —— 茶几评估与设计优化

1. 确定设计定位：风格、使用空间、用户需求
2. 找主题与方向——思维导图
3. 茶几造型与功能设计
4. 茶几造型设计

图3-20 茶几造型设计流程

根据流程图，设计步骤包含从"确定设计定位：风格、使用空间、用户需求"到"找主题与方向——思维导图"，再到"茶几造型与功能设计"和"茶几造型设计"4步，如图3-21所示。

案例1　茶几设计

主题　　提盒　新中式

功能　　桌面　收纳

图3-21 造型设计步骤

图3-19 以体为主要造型的茶几

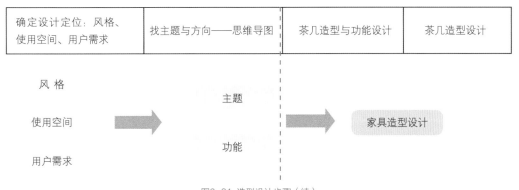

确定设计定位：风格、使用空间、用户需求	找主题与方向——思维导图	茶几造型与功能设计	茶几造型设计

风　格

使用空间

用户需求

主题

功能

家具造型设计

图3-21 造型设计步骤（续）

案例分析：通过思维导图确定茶几设计的主题与功能。如案例1茶几设计，从主题到案例，卢志荣设计的SIMA边柜（图3-23）在引发多数人对传统提篮（图3-22）的联想时，深入使用会发现感应灯、灵活便捷的转动设计，文化印象之下也不乏适用于当代生活的实用性。卢志荣将传统的形象与先进、理性的新技术严丝合缝地相融。

同一主题与功能能产生多种设计方案，以线为主的茶几如图3-24所示。

图3-22 中国古代提篮

图3-23 SIMA边柜　卢志荣设计

图3-24 提篮主题相关茶几设计

案例2 茶几设计

主题　小舟

功能　强收纳

案例3 茶几设计

主题　茶

功能　桌面收纳

案例分析：通过思维导图确定茶几设计的主题与功能。如案例2茶几设计，从主题到案例，设计师提取小舟（图3-25）的造型，并抽象化，结合茶几的使用功能设计出如逸舟茶几（图3-26），传统小舟的形象使茶几带有丰富的造型语言。

案例分析：KYVO茶几（图3-27），茶几的大造型来源于中国古代盏托，如图3-28所示。该茶几参考古代盏托的上下结构造型，并运用虚体与实体按一定的比例关系组合，造型纯朴简约，有古朴的内涵。

图3-25 小舟

图3-27 CHI WING LO — KYVO茶几

图3-28 中国古代盏托

案例分析：如图3-29所示卢志荣设计的茶几与上一案例有同样的主题与功能需求。该茶几造型简洁，以功能性为主，用了材质对比，注重工艺与细节。用石材做桌面，达到干湿分离，茶几边上用石材做成干湿分离区，便于湿泡茶。腿部细节造型有一定独特性，方腿带金属脚托，提升产品的轻奢感。

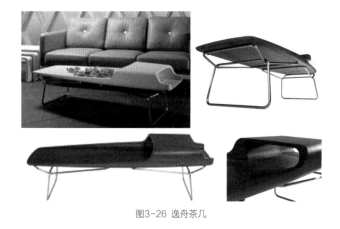

图3-26 逸舟茶几

图3-29 CHI WING LO — GAIA长方形茶几

四、茶几造型与功能设计

（一）茶几功能概述

茶几一般都放在客厅沙发的位置，主要用于放置茶杯、泡茶用具、酒杯、水果、水果刀、烟灰缸、花等。

多功能家具是一种在具备传统家具初始功能的基础上，实现其他新设功能的现代家具类产品，是对家具的再设计，如图3-30所示。

多功能家具的出现满足了消费者的需求，它可以分解再重新组装，可以单独使用，移动灵活方便等，除了能给高压的生活添加趣味外，还能拓宽家具的使用功能。

顾客购买产品，是购买产品具有的功能，其购买动力其实就是对产品各种功能的需求。因此，在产品设计过程中，设计师必须首先考虑产品功能的开发与设计，也是产品设计的核心。

图3-30 多功能茶几

（二）"好"茶几设计的标准

"好"茶几设计的标准如图3-31所示。

装饰的功能
乐用性 —— 良好的体验
提升品位、地位等社会认同度
易用性 —— 多功能
符合空间使用
能用性 —— 桌面收纳

图3-31 "好"茶几设计的标准

（三）产品功能分析流程

产品功能分析流程如图3-32所示。

第一步：明确用户要求
用户的需求是产品好坏的依据，价值分析用户使用情景的思维方式和基本特征，就是从用户需求出发去进行调研与功能设计

第二步：分析功能本质，明确设计方向
产品功能定义的第一个目的，明确产品设计的本质，以便根据产品的主要功能要求确定产品的必要功能。
利用5W2H的方法，确定相关的制约条件：WHAT、WHY、WHERE、WHO、WHEN、HOW MUCH、HOW DO

第三步：思维导图法分析，确定功能定义
通过思维导图法分析，产品功能定义要简洁、明了、准确
产品功能定义的目的是对产品功能本质进行研究

图3-32 产品功能分析流程

（四）设计案例分析

案例1

市场调研，思维导图如图3-33所示，用户功能需求分析如图3-34所示。

最终方案：《茶榻》

材质：实木

坐具：茶榻，可坐1~3人

设计说明：茶几的造型线条类似船形的桌面设计，更显别致，独具美感。既是坐的榻，又有茶几的功能，榻上的小茶几可移动，有强大的收纳功能。茶榻桌腿的底部延续使用金属的材质，起到防潮、耐磨等作用。茶榻本身以纯实木的材质向传统的中式茶桌形态靠拢。

功能解决：有泡茶台面，茶榻上设计有"月光宝盒"，高度适用于泡茶，盒中有强大的收纳功能，可移动，如图3-35所示。

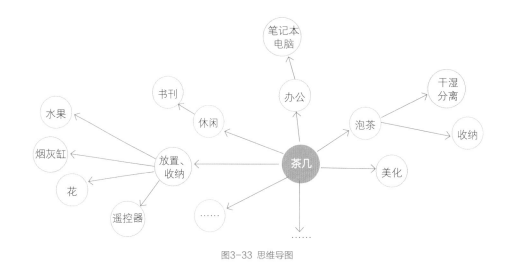

图3-33 思维导图

图3-34 用户功能需求分析

图3-35 《茶榻》（陈大瑞设计）

案例分析："月光宝盒"，用窗户式的打开方式，不但可以开合，还能折叠和抽拉。

如图3-36所示茶榻和月光宝盒之间依然通过简约的滑轨融为一体，月光宝盒可随导轨移动。

如图3-37所示盒内空间虽小，因泡茶人的需求，设计了很多收纳分区。茶几打开后顶视图如图3-38所示。

图3-36 茶几部分打开细部

图3-37 茶几打开细部

图3-38 茶几打开顶视图

市场调研，思维导图如图3-39所示，用户功能需求分析如图3-40所示。

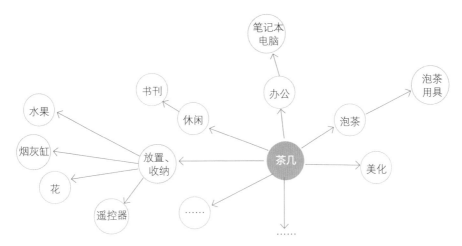

图3-39 思维导图

图3-40 用户功能需求分析

最终方案

（1）Maison 55茶几

功能解决：设计师在茶几旁增加皮革材料，皮革弯曲的面可放置书刊，如图3-41所示。

（2）Poltrona Frau茶几

功能解决：茶几回字形的桌面设计，凹槽部分可以盛放书和零碎杂物，如图3-42所示。

图3-41 Maison 55茶几　　　　　　　　　　图3-42 Poltrona Frau茶几

五、茶几材料、色彩搭配

（一）家具材料设计

设计师"准确选材"是家具造型设计的关键。家具造型之所以能够给观赏者以美感，也是基于它的形态、色彩、材质三个方面的因素。任何家具都是通过材料去创造形态的，没有合适的材料，独特的造型则难以实现，就家具的形态、色彩、材质而言，其实是依附于材料和工艺技术的，并通过工艺技术体现出来。

茶几类家具以实木、板式、金属、石材等材料为主。实木、板式家具材料，请看"学习情境二中屏风材料、色彩搭配"，此处重点介绍金属家具。

以金属为主的家具称为金属家具。以金属管材、板材或棍材等作为主架构，配以木材、各类人造板、玻璃、石材等制造的家具和完全由金属材料制作的铁艺家具，统称金属家具。

1. 金属家具的工艺

金属家具所用的金属材料，通过冲压、锻、铸、模压、弯曲、焊接等加工工艺可获得各种造型。用电镀、喷涂、敷塑等主要加工工艺进行表面处理和装饰。金属家具连接通常采用焊、螺钉、销接等多种连接方式组装、造型。

（1）电镀工艺

电镀就是利用电解原理在某些金属表面镀上一层其他金属或合金的过程，是利用电解作用使金属或其他材料制件的表面附着一层金属膜的工艺，从而起到防止金属氧化（如锈蚀），提高耐磨性、导电性、反光性、抗腐蚀性（硫酸铜等）及增加美观等作用。不少硬币的外层也为电镀。电镀金属茶几如图3-43所示。

图3-43 电镀金属茶几

（2）喷涂工艺

金属喷涂是用熔融金属的高速粒子流喷在基体表面，以产生覆层的材料保护技术。金属喷涂茶几如图3-44所示。

图3-44 喷涂金属茶几

（3）敷塑工艺

敷塑工艺又称金属表面涂塑。敷塑金属茶几如图3-45所示。

图3-45 敷塑金属茶几

2. 金属材料与家具造型

金属家具的结构形式多种多样，按照结构的不同特点，可分为固定式、拆装式、折叠式和插接式。

（1）固定式

通过焊接的形式将各零部件接合在一起。此结构受力及稳定性较好，有利于造型设计，但表面处理较困难，占用空间大，不便运输。

（2）拆装式

将产品分成几个大的部件，部件之间用螺栓、螺钉、螺母连接（加紧固装置）。

（3）折叠式

折叠式又可分为折动式与叠积式家具。常见于桌、椅类，充分利用空间和便于存放。

（4）插接式

利用金属管材制作，将小管的外径套入大管的内径，用螺钉连接固定。

3. 金属家具种类

（1）纯金属家具

①铁艺茶几：铁艺家具是指以通过艺术化加工的金属制品为主要材料或局部装饰材料制作而成的家具。铁艺家具光洁度高、可塑性强、坚固耐用、造型款式多变；其独有金属的"冷"质感，颜色和造型多变，可以满足多种装修风格需求。铁艺家具如图3-46至图3-48所示。

图3-46 Living Divani　　　图3-47 新中式圈椅

图3-48 铁艺茶几

②不锈钢茶几：不锈钢工艺性能最好，由于塑性很好，可加工成各种板、管（圆管、方管）等型材，适合于压力加工。不锈钢茶几如图3-49至图3-51所示。

图3-49 片材不锈钢茶几　　图3-50 方管材不锈钢茶几

图3-51 圆管不锈钢茶几

（2）金属和非金属材料的结合

①金属与木材：金属与木材结合的家具如图3-52至图3-54所示。

图3-52 茶几　　　图3-53 NERA 小推车

图3-54 现代茶几

②金属与玻璃：金属与玻璃结合的家具如图3-55至图3-57所示。

③金属与石材：金属与石材结合的家具如图3-58至图3-60所示。

图3-55 茶几 FORESTA

图3-56 金属茶几

图3-57 Barcelona 茶几

图3-58 多功能茶几

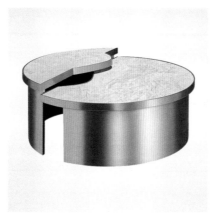

图3-59 石面茶几

图3-60 雅典娜侧桌

（二）家具色彩设计

每个家庭客厅中的沙发和茶几通常是配套的，它们是接待客人的标配。一般沙发和茶几是靠在一起摆放的，于是两者的搭配就显得至关重要。沙发与茶几的搭配最基本的要点是色彩搭配。下面我们先了解茶几色彩设计中的颜色搭配方法。

家具色彩设计方法：单色相设计，无色彩设计，原木色+色彩/无色彩设计。

（1）单色相设计

单色相设计是根据环境综合需要，选择一种适宜的色相，充分利用明度和彩度的变化，可以得到统一中微妙的变化。特点是具有统一的易于创造鲜明的色彩感，充满单纯而特殊的色彩韵味，适用于功能要求较高的公共建筑分区布置的家具及小型静态活动空间家具的应用。单色相设计茶几如图3-61和图3-62所示。

（2）无彩色调的运用

从物理学的观点，黑、白、灰不算颜色，理由是可见光谱中没有这三种颜色，故称为无彩色。无彩色没有彩度，且不属于色相环，但在色彩组合搭配时，常成为基本色调之一，与任何色彩都可配合。

黑色由于其消极性能使相邻的色显眼，当它与某个色彩相处一起时，可使这个色彩显得更为鲜艳，如图3-63所示。

　　白色根据所处色彩环境的不同，可变为暖色或冷色，白色的家具给人以干净、纯洁的感觉，如图3-64所示。

　　金、银色同样属于无彩色色调，家具因大量使用金属材料，使得金、银色在家具中经常出现，如图3-65至图3-67所示。

　　（3）原木色+色彩/无色彩设计

　　在我们的日常生活中，有相当多的家具是木质的。木材是一种天然材料，它的固有色成了体现天然材质

图3-61　Milligraph茶几

图3-62　北欧摩登时尚极简彩色茶几

图3-63　金属茶几

图3-64　手提式茶几

图3-65　SMALL TABLE TETRI S

图3-66　Palette table JH8 茶几

图3-67　几何茶几

的最好媒介。现代家具十分讲究运用木材的自然本色，以它质朴的材料质感赢得了很好的艺术效果，如图3-68至图3-70所示。

原木色 + 色彩

原木色 + 无色彩

图3-68 茶几组合 　　　　　　　　图3-69 美式茶几 　　　　　　　　图3-70 现代风茶几

六、评估与优化茶几设计

评估通常指对某一事物的价值或状态进行定性、定量的分析说明和评价的过程。

（一）实用性评估

实用性主要指家具产品的功能是否满足使用者的需求，并是否符合人体工程学及家具结构强度要求。

茶几一般分方形和矩形两种，高度与扶手椅的扶手相当。通常情况下是两把椅子中间夹一个茶几，用以放置杯盘、茶具。

家具产品设计的首要条件是满足实用性，产品必须能满足产品自身的功能，在实用的前提下，再来开发时尚、优美的线条。

在面向市场设计的家具中，是否能满足消费者在某方面的功能需求，是家具产品获得市场认可的最基本的条件。因此，在设计前期对使用者需求的考虑是非常重要的。在产品的功能和外观设计出来之后，还必须符合人体工程学和家具结构强度要求，这是合格产品所必须具备的。

（二）舒适性评估

舒适性是家具设计的主要目标。要设计出舒适的家具就必须符合人体工程学原理，并对生活有细致的观察、体验和分析。如沙发的座高、弹性、靠背的倾角等都要充分考虑人的使用状态、体压分布以及动态特征，以其必要的舒适性来最大限度地消除人的疲劳，保证休息质量。

1. 茶几人体工程学

①长方形（小型）：长度600~750mm，宽度450~600mm，高度380~500mm（380mm最佳）。

②长方形（中型）：长度1200~1350mm；宽度380~500mm或者600~750mm。

③正方形（小型）：长度750~900mm，高度430~500mm。

④圆形：直径750，900，1050，1200mm；高度：330~420mm。

茶几抽屉的高度视存放的物品而定，一般抽屉高度为200，180，160，100mm等。茶几尺寸标识和人体工程学尺寸如图3-71所示，抽屉尺寸如图3-72所示。

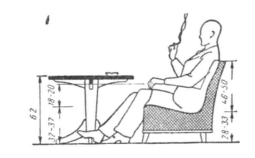

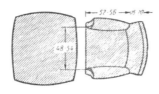

图3-71 尺寸标识和人体工程学尺寸

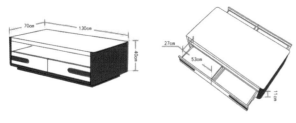

图3-72 抽屉尺寸

2. 其他几案的人体工程学尺寸

（1）餐桌

①现代或中式餐桌高度：750~780mm，西式高度：680~720mm。

②一般方桌宽度：1200，900，750mm。

③长方桌宽度：800，900，1050，1200mm，长度：1500，1650，1800，2100，2400mm。

④圆桌直径：两人500mm，三人800mm，四人900mm，五人1100mm，六人1100~1250mm，八人1300mm，十人1500mm，十二人1800mm。

（2）酒吧台和凳

①酒吧台高：900~1050mm，宽：500mm。

②酒吧凳高：600~750mm。

（三）美观性评估

美观性主要指家具产品符合造型美学因素，色彩、肌理等搭配协调。在满足了实用性之后，家具产品还需要具有美观性，让消费者乐于接受。美观性属于美学的范畴，涉及点、线、面、体的组合、辩证关系，以及虚实、均衡、韵律、主次等美学法则，色彩的冷暖等心理要素，肌理搭配等视觉、知觉特点等，是一种比较综合的应用艺术。美观性要遵循以下美学原则。

1. 比例与尺度的统一

我们将各方向度量之间的关系及物体的局部和整体之间形式美的关系称为比例，良好的比例是获得物体形式上完美和谐的基本条件。对于家具造型的比例来说，它具有两方面的内容：一方面是家具整体的比例，它与人体尺度、材料结构及其使用功能有密切的关系；另一方面是家具整体与局部或各局部之间的尺寸关系。

和比例密切相关的家具特性是尺度，比例与尺度都是处理构件的相对尺寸，比例是指一个组合构图中各个部分之间的关系，尺度则特指相对于某些已知标准或公认常量对物体的大小。

家具尺度并不限于一个单系列的关系，一件或一套家具可以同时与整个空间、家具彼此之间以及与使用家具的人们发生关系，有着正常合乎规律的尺度关系。超过常用的尺度可用以吸引注意力，也可以形成或强调环境气氛，如家具设计中比例与尺度的夸张运用。

2. 统一中求变化，变化中求统一

统一：指不同的组成部分按照一定的规律有机地组成一个整体。

变化：指在不破坏整体统一的基础上，强调各部分的差异，求得造型的丰富多彩。

具体到家具设计就是指把若干个不同的组成部分（如家具与家具之间以及家

具各部分之间）按照一定的规律和内在联系，有机地组成一个完整的整体，形成一种一致的或具有一致趋势的感觉。

统一在家具中的最简单的表现手法是协调和重复，将某些因素协调一致，将某些零部件重复使用，在简单的重复中得到统一，如图3-73所示。

3. 协调与对比的统一

协调与对比是反映和说明事物同类性质和特性之间相似和差异的程度，在论述艺术形式时，经常涉及有机整体的概念，这种有机整体是内容上内在发展规律的反映。挪威在1840年前后就开始应用玻璃纤维球钓鱼浮子，如今世界各地仍有渔民在使用。如图3-74所示瑞典设计机构TAF受玻璃纤维球钓鱼浮子启发，设计了Fisherman（渔人灯）。茶几增加灯的功能，但造型上用圆的元素，造型达到协调。

4. 重复与韵律的统一

重复是产生韵律的条件，韵律是重复的艺术效果，韵律具有变化的特征，而重复则是统一的手段。

在家具造型设计上，韵律的产生是指某种图形、线条、形体、单件与组合有规律地不断重复呈现或有组织地重复变化，它可以使造型设计的作品产生节律和畅快的美感，直至增强造型感染力的作用，如图3-75所示。这一艺术处理手法也被广泛应用，表现类型有反复和渐变两种。

图3-73 茶几系列　　　　图3-74 渔人灯茶几　　　　图3-75 Philippe Nigro茶几

（四）建模与渲染阶段要求

建模与渲染阶段要求可参考座椅要求。

>>> 课后拓展

一、茶几设计作业要求

二、规范制作PPT、海报

三、茶几设计欣赏

茶几设计如图3-76至图3-81所示。

图3-76 NOTA小桌

图3-77 PERI小桌

图3-78 PNOI低桌

图3-79 PYRA低桌

图3-80 如恩设计 茶几

图3-81 VASI低桌

坐具设计

15 课时

学习目标

知识目标

1 了解坐具的分类。

2 学会运用形态分类的观点分析家具产品形态。

3 掌握坐具造型设计的创新方法。

4 能正确进行产品市场调研与用户调研。

5 学会根据家具风格、功能、造型、结构、色彩、装饰等要素进行坐具设计与专业性的介绍。

能力目标

1 能分析项目设计任务，并制订初步实施计划。

2 能灵活掌握坐具造型设计理论知识，并在设计实践中加以科学应用。

3 能够熟练掌握3种以上创新方法并灵活应用。

4 能根据设计方案的风格选择合适的材料搭配。

素质目标

1 具有善于观察、勤于思考、敢于实践的科学态度和创新求实的开拓精神。

2 具有良好的工作流程确定能力。

3 具有责任心与职业道德。

课前准备

　　本章节主要完成坐具类家具设计，通过一个完整的项目化坐具类家具造型设计过程，融入完成设计所需具备的知识点与技能点，同时详细剖析设计过程中的重点与难点，让坐具类家具造型设计变得简易、有趣。

一、学习任务书

章节	分类	任务内容		任务活动
		学习目标（四）		
学习情境四　坐具设计	课前准备	学习任务书		
		了解获得信息的途径	获得最新信息的方法与途径	课前观看
			优秀的专业搜索网站	
	课中学习	调研产品市场情况	家具市场，项目企业实地考察调研（PPT）	分组调研，家具展览或家具大卖场现场调研
			市场调研要求	
			确定设计定位：风格、使用空间、用户需求	
		产品定位与创新设计	找主题与方向——思维导图	思维导图分组进行
			坐具造型设计	
			坐具造型与功能设计	
		如何进行坐具材料、色彩搭配	家具材料设计	
			家具色彩设计	
		评估与优化坐具设计	坐具人体工程学	确定方案尺寸，带 3m 卷尺进行实物丈量尺寸
			建模与渲染阶段要求	带电脑完成
	课后作业	坐具设计作业要求		
		规范制作 PPT、海报	报告书、PPT	作业单独完成
			海报排版	
		坐具设计欣赏		

二、获得最新信息的方法与途径

三、调研产品市场情况

调研产品市场情况——家具市场，项目企业实地考察调研。

（一）产品调研

家具产品开发设计过程中，产品调研具有非常重要的意义：

①通过产品调研，可以在设计初期就能迅速了解用户的需求。

②通过产品调研，可以对本企业的产品在市场和消费者的真实位置有一个正确、理性的认识。

③通过产品调研，可以在产品开发中吸收同类产品中的成功因素，从而做到扬长避短，提高本企业产品在未来市场中的竞争力。

④通过产品调研，可以在既定的成本、技术等条件下为本企业选择最佳的技术实现方案和零部件供应商。

（二）产品定位流程

产品定位流程如图4-1所示。

图4-1 市场调研流程

1. 接受项目，制订计划

项目可行性报告一般包含了客户（或企业）的要求，对产品设计的方向，潜在的市场因素，要达到的目的，项目的前景以及可能达到的市场占有率，企业实施设计方案应当具备的心理准备及承受能力。

2. 产品调研

（1）概念

产品调研，就是指运用科学的方法收集、整理、分析产品和产品从生产制造到用户使用的过程中所发生的有关市场营销情况的资料，从而掌握市场的现状及其发展规律，为企业进行项目决策或产品设计提供依据的信息管理活动。

（2）目的

产品调研的根本目的在于通过对市场中同类产品的相应信息的收集和研究，从而为即将开始的设计研发活动确定一个基准，并用这个基准作为指导本企业产品研发的重要依据。

（3）内容

产品的历史调研：技术角度、设计角度、营销角度。

①产品的相关技术：设计师必须及时了解和掌握国内外科技发展的前沿动向，经常思考如何将新技术、新材料、新工艺应用于现有产品，不断改进和开发新产品，这也要求设计师要不断地加强学习，经常更新个人的知识结构，使个人知识与科学技术始终保持同步发展。我们在对

产品进行调研时，必须对产品相关的新技术、新材料、新工艺的发展状况进行研究，并进行技术预测。产品的相关技术主要包括产品的核心技术，产品构造及生产中的各种问题，新材料的开发与运用，先进制造技术，产品的表面处理工艺，废弃材料的回收和再利用等。

②对产品现状调研（市场调研）

a. 对消费者需求进行调查；

b. 对竞争对手家具产品进行调查；

c. 对产品的形态设计进行调查：产品的形态调查是设计现状调查的重点，它有助于清楚地了解开发中的产品在形态中所处的具体位置；

d. 对产品的色彩设计进行调研；

e. 对产品的功能设计进行调查。

（4）方法

从产品设计角度来讲，主要可分为观察法、询问法、资料分析法、问卷法四种形式。

①观察法：观察前要根据对象的特点和调研目的事先制订周密计划，确定合理观察路径、程序和方法。观察的过程中，要运用技巧，处理灵活突发事件，以便从中取得意外的、有价值的资料。在不损害他人隐私权等合法权益的前提下，调查时可采取录音、拍照、录像等手段来协助收集资料。

②询问法：询问法是一种比较常见的市场调研方法。运用询问法进行市场调研时，要事先准备好需要询问的问题要点、提出问题的形式和询问的目标对象。询问法还可以分为直接询问法、书面询问法、集体询问法、个别询问法、邮寄询问法、电话询问法等。

③资料分析法：资料分析法是工业设计师经常使用的调研方法。因为它简单可行，很容易实施，是汲取他人经验、扩展

自己的思路、避免重复工作的好途径。使用资料分析法做市场调研一定要注意所获取的资料的真实性和时效性，在可能的情况下，一定要获取第一手资料，这样的资料才有比较好的分析和利用价值。

④问卷法：事先拟定所要了解的问题，列成问卷，交消费者回答，通过对答案的分析和统计研究，得出相应结论的方法。问卷形式有开放式问卷、封闭式问卷和混合式问卷。开放式问卷由自由作答的问题组成，是非固定应答题。这类问卷，提出问题，不列可能答案，由被试者自由陈述。例：您对***座椅有什么新的看法，请写下来。

在完成市场调研基础上，定位目标用户，对目标用户进行以下内容调研，如图4-2所示。

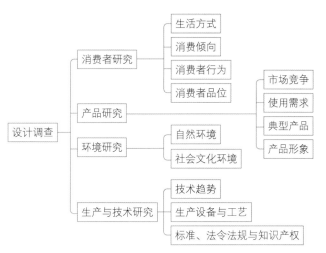

图4-2　产品调研内容

📖 **课中学习**

一、产品定位与创新设计

确定设计定位：风格、使用空间、用户需求，以以下案例进行解说。

案例分析：沙发设计

1 第一步
明确设计项目的要求与方向。

- 设计项目：设计一款民用坐具；
- 风格要求：新中式风格；
- 材质要求：实木、软体；
- 使用空间：客厅。

2 第二步
进行产品市场调研和用户需求调研，调研产品如图4-3所示。

结论1：打破常规造型。

结论2：用户需求和客厅风格一致——新中式，多人使用，轻奢、大气，照明。

图4-3 产品调研

3 第三步
产品定位，如图4-4所示。

风格	新中式风格
使用空间	客厅坐具
用户需求	和客厅风格一致——新中式 多人使用 轻奢、大气

图4-4 产品定位

二、找主题与方向——思维导图

1. 思维导图概念

思维导图是表达发散性思维的有效图形思维工具，它简单却又很有效，是一种实用的思维工具。思维导图运用图文并重的技巧，把各级主题的关系用相互隶属与相关的层级图表现出来，把主题关键词与图像、颜色等建立记忆链接。

2. 思维导图方法

①确定中心关键词语；

②由关键词想到系列的关联字词；

③确定有用和有潜力的关键词开展下一步的设计。

延续坐具案例进行解说：

根据调研，并结合思维导图进行进一步推理，得到家具造型设计的创新点，如图4-5所示。

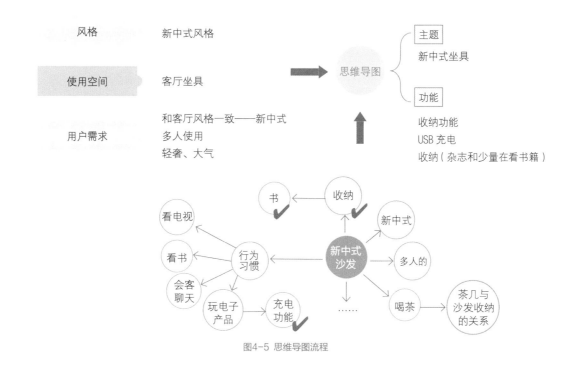

图4-5 思维导图流程

思维导图是一种思维的发散性训练，通过思维导图，设计师可一步步找到有价值的创新点，并从中确定1~2个价值点作为主题或者功能需求点进行设计。

三、坐具造型设计

（一）大造型设计

案例1　自然形态坐具设计——山

主题　　　　　石　　　新中式

功能　　　　　坐

设计概念：把太湖石和家具结合到一起，"研山"是独此一家。"研山"系列家具给人的第一眼感觉是有些怪的。太湖石（图4-6）的线条、孔洞出现在家具的背板、座面上，蜿蜒成不同的姿态，如图4-7所示。

案例点评："研山"系列家具把太湖石和家具结合到一起，设计者通过多层重叠把太湖石的线条、孔洞蜿蜒成不同

的姿态设计在家具的靠背板和座面上，造型独特，且不失石头的韵味。

整个"研山"系列设计手法丰富，此处两张椅的靠背，用的是面的表达中的"正"面表达（图4-8）和"负"面表达（图4-9）。多种形式表达一个主题，使系列产品既统一又丰富。

图4-6 太湖石

"研山"系列对家具的大造型与细部都进行了创新性的设计。如图4-9所示，设计者打破传统靠背椅的靠背造型与结构，将太湖石的造型作为椅子靠背的主体造型，使得其既是坐具又是室内的陈设品。"研山"系列家具善于从大造型到细部都打破人们对新中式家具的印象，结合太湖石的形态与平面造型手法，使家具静默风雅、趣味盎然。

图4-7 陈原川的"研山"系列家具

图4-8 "研山"系列家具—高椅

图4-9 "研山"系列家具—椅

案例2　坐具设计

主题　　现代风格

功能　　换鞋　　一体组合

设计概念： 玄关凳（图4-10）坐具设计获2010年日本家居用品设计大奖。此款凳解决了出门换鞋时弯腰穿鞋力不从心、系鞋带到处找鞋拔子的换鞋难的困扰。该设计的妙处在于它将鞋拔与矮凳一体化，座面上设计隐蔽圆孔，供取放鞋拔。

案例点评： 玄关凳的大造型简洁，为解决用户需求而设计。细部造型以圆为主，凳子造型整体融合统一。

图4-10 玄关凳（川上元美设计）

案例3　自然形态坐具设计

主题　　儿童座椅

功能　　游戏的　安全的　可持续发展

设计概念： 坐具《续木》（图4-11）取材早期太平山林场利用索道运送木材到罗东，浸泡在蓄木池的过程。三个圆木（三木成森）的堆叠与捆绑，构成座位，展现木材堆放的意向，两边扶手取明式椅概念。当小朋友长大后，可以将木条取下，变成一般的单椅，连续使用。

案例点评：《续木》是一张儿童摇椅，大造型来源于传统儿童木马摇椅（图4-12）的原型，在设计过程中打破传统儿童木马摇椅的造型形态。

图4-11《续木》——儿童木马椅

图4-12 常见的儿童木马摇椅

（二）细部造型设计

案例	新中式坐具设计

主题	现代 风格

功能	换鞋	一体 组合

案例点评：《古木生花》（图4-13）的设计定位和功能都非常简单，椅子大造型来源于玫瑰椅（图4-14），玫瑰椅又称文椅，是明式家具中"苏作"的一种椅子款式，一般常供文人书房、画轩、小馆陈设和使用。椅子大造型在玫瑰椅的基础上将扶手与靠背相连，造型简洁。

该椅背扶手采用"挖烟袋锅"的正角榫接，圆润光滑，避开尖锐的棱角。正视图、左视图如图4-15所示，腿部与椅面的包含关系如图4-16所示。

图4-14 玫瑰椅（或称文椅）

产品尺寸图（手测可能有误差）

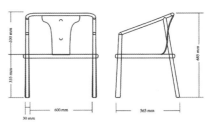

图4-15 正、左视图

包含

图4-16 腿与椅面的包含关系

四、坐具造型与功能设计

案例	新中式坐具设计

主题	新中式	工业风

功能	坐

图4-13《古木生花》

案例点评：设计者在这款新中式坐具的细部造型上很花心思。如图4-17所示，椅腿造型沿用玫瑰椅的腿与座面"包含关系"的结构，突出家具的古典风格。椅子的腿部使用侧脚收分的结构设计，体现中式家具风格。靠背打破传统靠背板印象造型，与座面连接处弯曲过度，增加舒适度，也增加细部设计，如图4-18所示。椅子座面两边增加凹凸纹理，使椅子细部丰富，增加肌理，如图4-19所示。

（一）坐具功能概述

任何产品都具有一定的功能，如坐具设计（图4-20），首先要满足坐的功能，它是具有使用价值的基础。

顾客购买产品，是购买产品具有的功能，其购买动力其实就是对产品各种功能的需求。因此，在产品设计过程中，产品功能的开发与设计是设计师必须首先考虑的，也是产品设计的核心。

（二）"好"坐具设计的标准

对于坐具设计来说，最基本是保证能用，就是坐具坐的功能，在设计过程中要保证对人体工程学尺寸的把握，材料与工艺的合理性，然后是易用性、乐用性。按照用户的体验等级上升，这就是说，一个坐具产品仅仅可以让用户可以使用是不够的，还必须给用户带来快乐感、便利感，让用户乐此不疲。因此，坐具设计一切从用户需求与体验出发。"好"坐具设计的标准如图4-21所示。

（三）产品功能分析流程

产品功能分析流程如图4-22所示。具体的分析方法回顾"学习情境一"。

图4-17《古木生花》

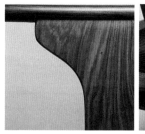

图4-18 靠背细节

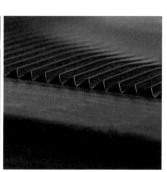

图4-19 座面细节

图4-20 躺椅

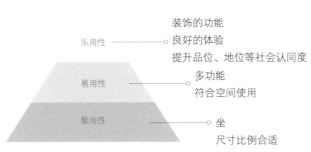

图4-21 "好"坐具设计的标准

第一步：明确用户要求
用户的需求是产品好坏的依据，价值分析用户使用情景的思维方式和基本特征，就是从用户需求出发进行调研与功能设计

第二步：分析功能本质，明确设计方向
产品功能定义的第一个目的，明确产品设计的本质，以便根据产品的主要功能要求确定产品的必要功能。
利用5W2H的方法，确定相关的制约条件：WHAT、WHY、WHERE、WHO、WHEN、HOW MUCH、HOW DO

第三步：思维导图法分析，确定功能定义
通过思维导图法分析，产品功能定义要简洁、明了、准确。
产品功能定义的目的是对产品功能本质进行研究

图4-22 产品功能分析流程

（四）设计案例分析

设计师要对项目的功能设计进行分析，这里设计师在经过前两步后，进行第三步，运用思维导图分析法。中心词"宠物奴/宠物"，发散思考，从整个思维导图中，抽取有效的有延伸和设计价值的功能点，如"与宠物一起休闲的家具"，如图4-23所示。

案例1　宠物奴坐具设计

将三个步骤所有信息汇总，如图4-24所示。这里可得到用户需求的关键词"休息""猫""慢生活""坐具设计"。将关键词用功能定义：坐的功能，休闲，宁静，猫的空间。这些功能在坐具功能的表现可以转化为躺椅或摇椅、有猫的休闲空间等信息。

最终案例：猫摇椅材质——板式家具
功能解决：摇椅——慢生活；
猫奴：摇椅下的空间，让猫有一个休息和与主人共存的空间。

有时候看到主人舒适地坐在椅子上，

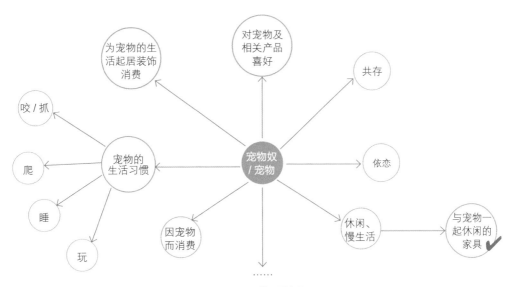

图4-23 思维导图流程

用户功能需求　　　　　　　　　　功能定义　　　　　　　　　　功能设计表现

休息　　猫　　慢生活
＋
坐具
设计

● 坐的功能
● 休闲
● 宁静
● 猫的空间

躺椅／摇椅
猫的空间

图4-24 用户需求功能分析

喵星人总爱跳上来躺在你的大腿上。有了这个猫摇椅，当主人坐在上面摇，下面的猫也可以舒服地休息，如图4-25所示。

案例2　　家居凳设计

思维导图如图4-26所示，用户功能需求分析如图4-27所示。

将三个步骤所有信息汇总，这里可得到用户需求的关键词"收纳（低处）""凳+茶几""换鞋""坐具设计"。将关键词用功能定义：坐的功能，茶几，收纳，换鞋，收纳杂志。这些功能在坐具功能的表现可以转化为轻便的、家居储物凳、收纳鞋、杂志和茶几等信息。

功能解决：

①45cm高的凳子，家居储物凳，凳子下部有收纳空间，用于收纳鞋、杂志；

②45cm高度——茶几；

③板式材料、造型极度简洁，轻便的。

结合以上功能，家居凳及其使用情景如图4-28和图4-29所示。

图4-25 猫摇椅

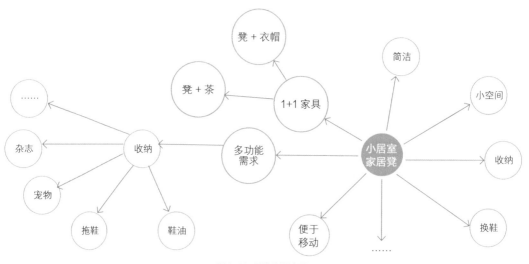

图4-26 思维导图流程

用户功能需求	功能定义	功能设计表现

收纳（低处）　凳+茶几　换鞋　+　坐具设计

● 坐的功能
● 茶几
● 收纳
● 换鞋
● 杂志

轻便的
家居储物凳
收纳鞋、杂志
茶几

图4-27 用户功能需求分析

图4-28 家居凳　　　　　　　　　　图4-29 家居凳使用情景

五、坐具材料、色彩搭配

（一）家具材料设计

设计师准确选材是家具造型设计的关键。家具造型之所以能够给观赏者以美感，是基于它的形态、色彩、材质三个方面的因素。任何家具都是通过材料创造形态的，没有合适的材料，独特的造型则难以实现。就家具的形态、色彩、材质而言，是依附于材料和工艺技术的，并通过工艺技术体现出来。

1. 软体材料家具

软体家具主要是指以海绵、织物为主体的家具。软体家具的制造工艺主要依靠手工工艺，主要工序包括钉内架、打底布、粘海绵、裁、车外套到最后的扪工工序。

软体家具包含休闲布艺、皮艺（真皮、仿皮）、皮加布等材质。

（1）布艺

布艺以其柔软的触感、温暖的气息、缤纷的色彩为人们的居室营造出一种独有的温馨氛围，让人置身其中特别有家的感觉，因而广受推崇。如图4-30所示子宫椅。

（2）皮艺（真皮、仿皮）

皮艺家具指家具和人体直接接触部位采用真皮或环保皮制作而成的家具，如图4-31所示蛋椅和

图4-30 子宫椅　　　　　　　　　　图4-31 蛋椅

图4-32 伊姆斯皮沙发

图4-33 BORZALINO 皮+布沙发

图4-32所示伊姆斯皮沙发。

（3）皮加布

皮布结合的软床将布艺和皮艺有机地结合起来，装饰床头和床身表面，非常时尚、现代。如图4-33所示BORZALINO皮+布沙发。

2. 塑料家具

塑料家具是一种新性能的家具。塑料的种类很多，但基本上可分成两种类型：热固性塑料和热塑性塑料。在现代家具中就把这种新材料通过模型压成座椅，或者压成各种薄膜，作为柔软家具的蒙面料。也有将各种颜色的塑料软管在钢管上缠绕成一张软椅的。

（1）塑料家具的优势

①色彩绚丽、线条流畅：塑料家具色彩鲜艳、亮丽，除了常见的白色外，赤、橙、黄、绿、青、蓝、紫……各种各样的颜色都有，而且还有透明的家具，其鲜明的视觉效果给人们带来了视觉上的舒适感受。同时，由于塑料家具都是由模具加工成型的，所以具有线条流畅的显著特点，每一个圆角、每一条弧线、每一个网格和接口处都自然流畅，毫无手工痕迹。

②造型多样、随意、优美：塑料具有易加工的特点，使得这类家具的造型具有更多的随意性。随意的造型表达出设计者极具个性化的设计思路，通过一般家具难以达到的造型来体现一种随意的美。

③轻便小巧、拿取方便：塑料家具给人的感觉就是轻便，不需要花费很大的力气就可以搬取，而且即使是内部有金属支架的塑料家具，其支架一般也是空心的或者直径很小。另外，许多塑料家具都可以折叠，既节省空间，使用起来又比较方便。

④便于清洁、易于保护：塑料家具脏了可以直接用水清洗，简单方便。另外，塑料家具也比较容易保护，对室

内温度、湿度的要求相对比较低，广泛用于户外环境。

（2）塑料家具的材料搭配

①亚克力与玻璃钢：亚克力是一种开发较早的重要的可塑性高分子材料，具有较好的透明性、化学稳定性和耐候性，易染色、易加工。如图4-34和图4-35所示亚克力椅。玻璃钢，即纤维强化塑料，一般指用玻璃纤维增强不饱和聚酯、环氧树脂与酚醛树脂基体，以玻璃纤维或其制品作增强材料的增强塑料，称为玻璃纤维增强塑料。如图4-36和图4-37所示玻璃钢椅。

图4-34 亚克力餐椅

图4-35 亚克力椅

②塑料+木材搭配：塑料与木的搭配，增加了家具材料的丰富性，提升家具的艺术感。如图4-38所示欧式椅，在传统温莎椅的座面与腿的造型基础上，换成透明亚克力靠背，增添了一份时尚感。

图4-36　玻璃钢椅　　　图4-37　球椅　　　图4-38　欧式椅

（二）家具色彩设计

家具色彩设计方法：单色相设计，类似色设计，对比色调设计，无色彩设计，原木色+色彩，系列化设计。

（1）单色相设计

单色相设计是根据环境综合需要，选择一种适宜的色相，充分利用明度和彩度的变化，可以得到统一中微妙的变化。特点是具有统一的易于创造鲜明的色彩感，充满单纯而特殊的色彩韵味，如图4-39至图4-41所示。单色相设计适用于功能要求较高的公共建筑分区布置的家具及小型静态活动空间家具。

（2）类似色设计

类似色设计是根据空间环境综合需要，选择一组适宜的类似色，并应用明度与纯度的变化配合，适当加入无彩色，使一组色彩组合在统一中富有变化效果，如图4-42至图4-46所示。这种类似色设计可以创造出较为丰富的视觉效果，也可以用于区别使用功能的分区家具，适用于中小型动态活动空间家具。

图4-39　多人沙发

图4-40　墨绿色单人椅

图4-41　渐变色温莎椅

图4-42　布艺沙发系列

图4-43　双人布艺沙发

图4-44　ALMA椅　　　图4-45　北欧家具系列

图4-46　连卡佛一栅栏式组合沙发

（3）对比色调设计

对比色调设计包括补色设计和等角设计两种基本方法。对比色调设计如图4-47至图4-50所示。

①补色设计是在色环上选择一组相对的色彩，如红与绿、黄与紫、蓝与橙等，利用对比作用获得鲜明对比的色彩感觉。在此基础上加以变化，又可得出分裂补色设计和双重补色设计两种方法。

②等角设计分为三角色设计和四角色设计。

（4）无彩色调的运用

从物理学的观点，黑、白、灰不算颜色，理由是可见光谱中没有这三种颜色，故称无彩色。无彩色没有彩度，且不属于色相环，但在色彩组合搭配时，常成为基本色调，与任何色彩都可配合。无彩色设计如图4-51和图4-52所示。

①黑色由于其消极性能使相邻的色显眼，当它与某个色彩相处一起时，可使这个色彩显得更为鲜艳。

②白色根据所处色彩环境的不同，可变为暖色或冷色，白的家具给人以干净、纯洁的感觉。

③灰色是黑白相间的中间调无彩色，具有黑、白两色综合特性，对相邻任何色彩没有丝毫影响，无论哪一种色彩都能把固有的感情原样表现出来，灰色显得比较中性，是理想的背景色。

（5）原木色+色彩

在我们的日常生活中，有相当多的家具是木质的。木材是一种天然材料，它的固有色成了体现天然材质的最好媒介。现代家具十分讲究运用木材的自然本色，以它质朴的材料质感赢得了很好的艺术效果。原木色结合色彩设计如图4-53至图4-64所示。

图4-47 布艺沙发

图4-48 Jujube系列休闲椅

图4-49 儿童家具系列

图4-50 Y椅

图4-51 现代风格布艺沙发

图4-52 实木椅

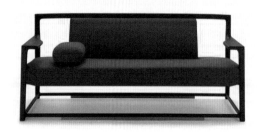

图4-53 新中式沙发

图4-54 邱德光之家

图4-55 北欧沙发

图4-56 Armchair by LEMA

图4-57 Ceccotti Collezioni品牌

图4-58 北欧风格沙发

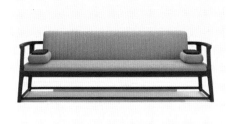

图4-59 "上下"黑核桃木三人沙发榻

图4-60 办公椅

图4-61 螳螂椅（梵几家具）

原木色 + 无色彩

图4-62 扇月椅

图4-63 Ceccotti Collezioni品牌椅

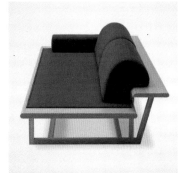

图4-64 布艺沙发

六、评估与优化坐具设计

评估通常指对某一事物的价值或状态进行定性、定量的分析说明和评价的过程。

（一）实用性评估

实用性主要指家具产品的功能是否满足使用者的需求，并是否符合人体工程学及家具结构强度要求。

家具产品设计的首要条件是满足实用性，产品必须能满足产品自身的功能作用，在实用的前提下，再来开发时尚、优美的线条。

在面向市场设计的家具中，是否能满足消费者在某方面的功能需求，是家具产品获得市场认可的最基本的条件。因此，在设计前期对使用者需求的考虑是非常重要的。在产品的功能和外观设计出来之后，还必须符合人体工程学和家具结构强度要求，这是一项合格产品所必须具备的。

（二）舒适性评估

舒适性是家具设计的主要目标。要设计出舒适的家具就必须符合人体工程学的原理，并对生活有细致的观察、体验和分析。如沙发的座高、弹性、靠背的倾角等都要充分考虑人的使用状态、体压分布以及动态特征，以其必要的舒适性来最大限度地消除人的疲劳，保证休息质量。

坐具的人体工程学尺寸有非常多的讲究。以圈椅（图4-65）为例，圈椅的尺寸非常符合人体工程学，其座深440mm，座宽532mm，与人体工程学对座深和座宽的要求基本吻合。座高520mm，脚踏板高90mm，从膝到脚的高度为430mm，同人体工程学对座高的要求420~440mm是一致的。椅背为"S"形，与人体自然状态下的脊椎形态相似，靠在上面不但非常舒适，而且有利于缓解疲劳。

这一实例能说明明式家具是根据人体结构的功能尺度、运动规范、体形标准而确定的，因此人们使用这些家具时会感到舒适。

1. 座高

座高是指坐具座面到地面的距离，如图4-66所示。

休息椅座高380~450mm，工作椅座高430~450mm。

适当的座高应使大腿保持水平，小腿垂直，双脚平放于地面。

座位过高，则不能使体重正确地压在臀部，而使大腿肌肉受压，而且上、下腿和背部肌肉都会紧张。

座高过低，则会使背部肌肉紧张，久而久之会产生背痛。

2. 座深

座深是指座面的前后距离。

休息用椅座深：400~430mm；工作用椅座深350~400mm；沙发座深500mm或以上。

座深应使臀部得到全部的支撑，同时，当身体最大限度靠坐在坐具上时，以膝关节仍在沙发面以外为宜，这样能保证小腿的灵活性。

座深太大会导致挤压小腿神经和肌肉，久坐引起疲劳。

3. 座宽

座宽是指坐具扶手内侧之间的宽度（图4-67），无扶手的座椅可计算成座面宽度。

座宽应满足臀部就坐所需要的尺度，使人能自如地调整坐姿。肩并肩坐的排座，座宽应能保证人能自由活动。一般椅子座宽取460~530mm。

沙发的尺寸与其他办公椅不同，其座宽尺寸按不同类型的沙发来计算：

①单人式沙发：长度800~950mm；深度850~900mm；坐垫高350~420mm；背高700~900mm。

②双人式沙发：长度1260~1500mm；深度800~900mm。

③三人式沙发：长度1750~1960mm；深度800~900mm。

④四人式沙发：长度2320~2520mm；深度800~900mm。

图4-65 圈椅

图4-66 座高

图4-67 座宽

4．靠背高

靠背高是指靠背最高点到坐具座面的距离。

人体背部处于自然形态时最舒适，此时腰椎部分前突，座椅设计要从座面与靠背之间的角度和适当的腰椎支持来尽力保证。成年人腰椎部中心位置约在座位上方230~260mm处，腰椎支点应略高于此尺度，以支持背部重量。

坐具靠背高度可分为：矮靠背、中靠背、高靠背，如图4-68所示。

矮靠背高度：260~400mm；中靠背高度：400~550mm；高靠背高度：550mm以上。

5．靠背斜度

靠背斜度指座面与靠背的夹角。倾斜的靠背可防止坐姿的人体向前滑动和引导弯腰部位（包括骶椎）依靠在背靠上。

清式家具的90°直角靠背让人时刻得"正襟危坐"，这样人体就会很快感到疲劳和不适，阅读用椅、办公椅靠背斜角一般为105°，休息椅、躺椅靠背斜角一般为108°，如图4-69所示。

6．靠背形状

从人体工程学的角度分析，"S"形的靠背曲线是设计师根据人体特点设计的。人体脊柱的侧面在自然状态时呈"S"形。设计师根据这一特点，将靠背做成与脊柱相适应的"S"形曲线，并根据人体休息时的必要后倾角度使靠背具有近于100°的背倾角，人坐在椅子上，后背与椅子靠背有较大的接触面，肌肉就得到充分的休息，因而产生舒适感，不易感到疲乏。

图4-68　矮靠背椅 、中靠背椅 、高靠背椅

图4-69　靠背90° 、105° 和108°

7. 扶手高

扶手高是指座面到扶手之间的高度。扶手高一般为180~250mm。

扶手是使手臂有所依托，减轻手臂下垂重力对肩部的作用，使人体处于较稳定的状态。扶手太高会使肘部抬高，肩部与颈部肌肉拉伸；扶手过低会使臂部得不到支撑，或者躯干必须偏斜，以寻求一侧的支撑。

8. 座面斜度

座面斜度是指座面与地面的夹角。座面斜度一般为5°~10°。座面倾角大，有利于身心松弛，大座面倾角与靠背倾角构成近于平躺的休息姿势。

对工作座椅而言，因作业空间一般在身体前侧，如座面过分后倾，脊椎因身体前屈作业而会被拉直，破坏正常的腰椎曲线，形成一种费力的姿势，因此倾角不能太大，一般为5°。

以上是坐具的人体工程学尺寸，设计师必须熟练掌握人体工程学尺寸与家具的尺度比例才能设计出能用、好用、乐用的家具。

（三）美观性评估

美观性主要指家具产品符合造型美学因素，色彩、肌理等搭配协调。在满足了实用性之后，家具产品还需要具有美观性，让消费者乐于接受。美观性属于美学的范畴，涉及点、线、面、体的组合、辩证关系，以及虚实、均衡、韵律、主次等美学法则，色彩的冷暖等心理要素，肌理搭配等视觉、知觉特点等，是一种比较综合的应用艺术。美观性要遵循以下美学原则。

1. 比例与尺度的统一

我们将各方向度量之间的关系及物体的局部和整体之间形式美的关系称为比例，良好的比例是获得物体形式上完美、和谐的基本条件。对于家具造型的比例来说，它具有两方面的内容：一方面是家具整体的比例，它与人体尺度、材料结构及其使用功能有密切的关系；另一方面是家具整体与局部或各局部之间的尺寸关系。

和比例密切相关的家具特性是尺度，比例与尺度都是处理构件的相对尺寸，比例是指一个组合构图中各个部分之间的关系，尺度则特指相对于某些已知标准或公认常量对物体的大小。

家具尺度并不限于一个单系列的关系，一件或一套家具可以同时与整个空间、家具彼此之间以及与使用家具的人们发生关系，有着正常合乎规律的尺度关系。超过常用的尺度可用以吸引注意力，也可以形成或强调环境气氛。如家具设计中比例与尺度的夸张运用。

2. 统一中求变化，变化中求统一

统一指不同的组成部分按照一定的规律有机地组成一个整体。统一在家具中的最简单的表现手法是协调和重复，将某些因素协调一致，将某些零部件重复使用，在简单的重复中得到统一。

变化指在不破坏整体统一的基础上，强调各部分的差异，求得造型的丰富多彩。

具体到家具设计就是指把若干个不同的组成部分（如家具与家具之间以及家具各部分之间）按照一定的规律和内在联系有机地组成一个完整的整体，形成一种一致的或具有一致趋势的感觉，如图4-70和图4-71所示。

3. 协调与对比的统一

协调与对比是反映和说明事物同类性质和特性之间相似和差异的程度，在论述艺术形式时，经常涉及有机整体的概念，这种有机整体是内容上内在发展规律的反映，如图4-72所示。

（四）建模与渲染阶段要求

图4-70 实木椅

图4-71 Philippe Nigro

图4-72 亚振家具——椅

>>> 课后拓展

一、坐具设计作业要求

二、规范制作PPT、海报

三、坐具设计欣赏

坐具设计欣赏如图4-73至图4-78所示。

图4-73 Ceccotti Collezioni品牌椅

图4-74 Ceccotti Collezioni品牌椅

图4-75 凳组合（卢志荣设计）

图4-76 梁志天设计

图4-77 陈大瑞设计

图4-78 坐具

办公桌设计

15 课时

学习目标

知识目标

1 了解办公桌的分类。

2 学会运用形态分类的观点分析家具产品形态。

3 掌握办公桌造型设计的创新方法。

4 能正确进行产品市场调研与用户调研。

5 家具评价的方法与语言表达。

能力目标

1 能分析项目设计任务，并制订初步实施计划。

2 能灵活掌握造型设计理论知识，并在设计实践中加以科学应用。

3 能够熟练掌握3种以上创新方法并灵活应用。

4 能根据设计方案的风格选择合适的材料搭配。

5 能够正确评估产品的设计质量与标准。

素质目标

1 具有良好的家具行业道德和社会责任感。

2 具有严格执行生产技术规范的科学态度。

3 具有科学的世界观、分析解决问题的能力和理论联系实践的工作作风。

课前准备

本章节主要完成以办公桌为主的办公家具设计，通过一个完整的项目化办公家具造型设计过程，融入完成设计所需具备的知识点与技能点，同时详细剖析设计过程中的重点与难点，让办公家具造型设计变得简易、有趣。

一、学习任务书

章节	分类	任务内容	任务活动
		学习目标（五）	
	课前准备	学习任务书	
		了解获得信息的途径	获得最新信息的方法与途径	课前观看
			优秀的专业搜索网站	
		调研产品市场情况产品定位与创新设计	市场调研要求	
			确定设计定位：风格、使用空间、用户需求	分组调研
学习情境五　办公桌设计	课中学习	柜类材料、色彩搭配	找主题与方向——思维导图	
			办公桌造型设计	
			办公桌造型与功能设计	思维导图分组进行
			家具材料设计	
		评估与优化办公桌设计	家具色彩设计	
			办公桌家具人体工程学	
		柜类家具设计作业要求	建模与渲染阶段要求	确定方案尺寸，带3m卷尺进行实物丈量尺寸；带电脑完成
	课后作业	规范制作PPT、海报	报告书、PPT	
		办公桌家具设计欣赏	海报排版	作业单独完成
			—	
		学习任务书	—	

二、获得最新信息的方法与途径

办公家具涉及我们的工作和存储产品的解决方案与平衡。今天的设计来实现目标所需的技术和灵活性，设计从过去提供简单的通用性要转变为用户所需要的更多的特性，优秀的办公家具设计将成为沟通方式与沟通地点之间的有效媒介，因此，对办公家具进行大胆的概念性设想将更有助于未来办公家具的设计开发。

三、调研产品市场情况

调研产品市场情况——家具市场、项目企业实地考察调研。

办公桌最主要的功能就是为人们阅读、书写提供载体。在进行办公家具造型设计前必须进行产品与市场的调研。

（一）产品调研

家具产品开发设计过程中，产品调研具有非常重要的意义：

①通过产品调研，可以在设计初期就能迅速了解用户的需求。

②通过产品调研，可以对本企业的产品在市场和消费者的真实位置有一个正确、理性的认识。

③通过产品调研，可以在产品开发中吸收同类产品中的成功因素，从而做到扬长避短，提高本企业产品在未来市场中的竞争力。

④通过产品调研，可以在既定的成本、技术等条件下为本企业选择最佳的技术实现方案和零部件供应商。

（二）产品定位流程

产品定位流程如图5-1所示。

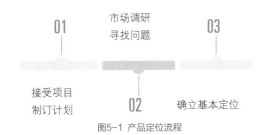

图5-1 产品定位流程

1. 接受项目，制订计划

项目可行性报告一般包含了客户（或企业）的要求，对产品设计的方向，潜在的市场因素，要达到的目的，项目的前景以及可能达到的市场占有率，企业实施设计方案应当具备的心理准备及承受能力。

2. 产品调研

（1）概念

产品调研是指运用科学的方法收集、整理、分析产品和产品从生产制造到用户使用的过程中所发生的有关市场营销情况的资料，从而掌握市场的现状及其发展规律，为企业进行项目决策或产品设计提供依据的信息管理活动。

（2）目的

产品调研的根本目的在于通过对市场中同类产品的相应信息的收集和研究，从而为即将开始的设计研发活动确

定一个基准，并用这个基准作为指导本企业产品研发的重要依据。

（3）内容

产品的历史调研：技术角度、设计角度、营销角度。

①产品的相关技术：设计师必须及时了解和掌握国内外科技发展的前沿动向，经常思考如何将新技术、新材料、新工艺应用于现有产品，不断改进和开发新产品，这也要求设计师要不断地加强学习，经常更新个人的知识结构，使个人知识与科学技术始终保持同步发展。我们在对产品进行调研时，必须对产品相关的新技术、新材料、新工艺的发展状况进行研究，并进行技术预测。产品的相关技术主要包括产品的核心技术，产品构造及生产中的各种问题，新材料的开发与运用，先进制造技术，产品的表面处理工艺，废弃材料的回收和再利用等。

②对产品现状调研（市场调研）

a. 对消费者需求进行调查；

b. 对竞争对手家具产品进行调查；

c. 对产品的形态设计进行调查：产品的形态调查是设计现状调查的重点，它有助于清楚地了解开发中的产品在形态中所处的具体位置；

d. 对产品的色彩设计进行调研；

e. 对产品的功能设计进行调查。

（4）方法

从产品设计角度来讲，主要有观察法、询问法、资料分析法、问卷法四种形式。

①观察法：观察前要根据对象的特点和调研目的事先制订周密的计划，确定合理观察路径、程序和方法。观察的过程中，要运用技巧处理突发事件，以便从中取得意外有价值的资料。在不损害他人隐私权等合法权益的前提下，调查时可采取录音、拍照、录像等手段协助收集资料。

②询问法：询问法是一种比较常见的市场调研方法。运用询问法进行市场调研时，要事先准备好需要询问的问题要点、提出问题的形式和询问的目标对象。询问法还可以分为直接询问法、书面询问法、集体询问法、个别询问法、邮寄询问法、电话询问法等。

③资料分析法：资料分析法是工业设计师经常使用的调研方法。因为它简单可行，很容易实施，是汲取他人经验、扩展自己思路、避免重复工作的好途径。使用资料分析法做市场调研一定要注意所获取的资料的真实性和时效性，在可能的情况下，一定要获取第一手资料，这样的资料才有比较好的分析和利用价值。

④问卷法：事先拟定所要了解的问题，列成问卷，交消费者回答，通过对答案的分析和统计研究，得出相应结论的方法。问卷形式有开放式问卷、封闭式问卷和混合式问卷。开放式问卷由自由作答的问题组成，是非固定应答题。这类问卷，提出问题，不列可能答案，由被试者自由陈述。例：您对×××座椅有什么新的看法，请写下来。

在完成市场调研基础上，定位目标用户，对目标用户进行以下内容调研，如图5-2所示。

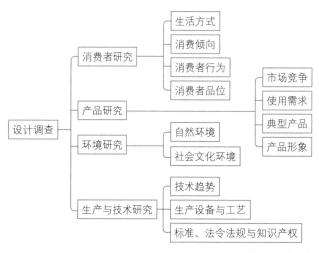

图5-2 调研内容

📖 **课中学习**

一、产品定位与创新设计

确定设计定位：风格、使用空间、用户需求，以梳妆台设计案例进行解说。

案例分析一：梳妆台设计

① **第一步**
明确设计项目的要求与方向。

- 设计项目：设计一款家用梳妆台；
- 风格要求：现代风格；
- 材质要求：实木；
- 使用空间：民用家具，卧室。

2 **第二步**
进行产品市场和用户需求调研，调研产品图如图5-3所示。

结论1：打破常规造型。

结论2：用户需求有收纳（饰品、护肤品、文件等）；镜子；镜子不对床；照明。

图5-3 市场调研产品

3 **第三步**
产品定位，如图5-4所示。

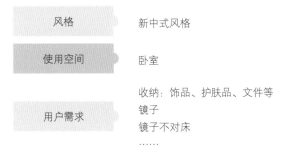

图5-4 产品定位

二、找主题与方向——思维导图

1. 思维导图概念

思维导图是表达发散性思维的有效图形思维工具，它简单却又很有效，是一种实用的思维工具。思维导图运用图文并重的技巧，将各级主题的关系用相互隶属与相关的层级图表现出来，将主题关键词与图像、颜色等建立记忆链接。

2. 思维导图方法

①确定中心关键词语；

②由关键词想到系列的关联字词；

③确定有用和有潜力的关键词，开展下一步的设计。

延续梳妆台案例进行解说：

根据调研，并结合思维导图进行进一步推理，得到家具造型设计的创新点。

产品定位与思维导图如图5-5所示。

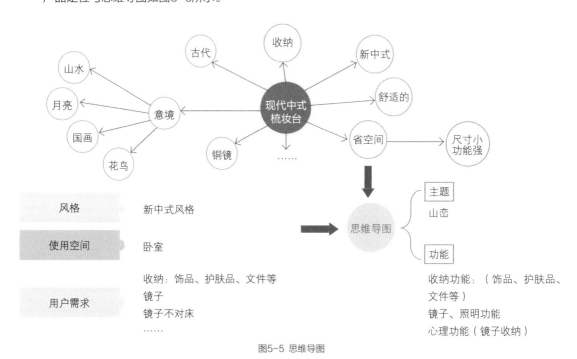

图5-5 思维导图

三、办公桌造型设计

1. 办公桌的分类

办公桌是指日常生活工作和社会活动中为工作方便而配备的桌子。从材料组成看，主要分为钢制办公桌、木制办公桌、金属办公桌、钢木结合办公桌等。从使用类型看，主要分为个人办公桌、办公室型办公桌（主管台、职员台、会议台、大班台）等。个人办公桌如图5-6至图5-8所示，办公室型办公桌如图5-9至图5-16所示。

图5-6 办公桌（1）

图5-7 梳妆台与办公桌结合

图5-8 办公桌（2）

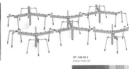

图5-9　集体办公区家具（1）

图5-10　主管办公区家具　　　　　图5-11　集体办公区家具（2）　　　　　图5-12　小组会议区家具

图5-13　讨论区家具　　　　　　图5-14　中间交流区家具　　　　　　图5-15　会客、等待区家具

2. 办公桌造型分析

办公桌的造型设计，更多需要考虑用户的使用需求，要便于办公，有强大的收纳功能。从造型上分析，可以将办公桌分成上、中、下三个维度进行分析，如图5-17所示。

（1）桌面以上

桌面以上的区间多为高处区域，高处有收纳、遮蔽等需求，所以造型应结合功能进行设计，如图5-18至图5-21所示。

（2）桌面设计

桌面造型根据产品各个定位进行设计，同时考虑办公室有桌面收纳的需求，如图5-22和图5-23所示。

图5-16　休闲区家具

图5-17 办公桌造型多维度分析

图5-18 办公桌（1）　　　　图5-19 办公桌（2）　　　　图5-20 办公桌（3）　　　　图5-21 办公桌（4）

图5-22 Giorgetti BIG BEAN办公桌　　　　　　　　　　　图5-23 Giorgetti办公桌

（3）桌面以下

桌面以下空间包括抽屉、桌腿、柜子等部分。按照线、面、体等造型元素，可分为以线为主要造型元素办公桌（图5-24和图5-25）、以面为主要造型元素办公桌（图5-26和图5-27）、以体为主要造型元素办公桌（图5-28和图5-29）。

图5-24 办公桌

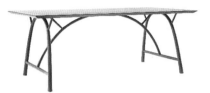

图5-25 璞素——灞桥桌

图5-26 卫诗理办公桌

图5-27 formitalia办公桌

图5-28 Giorgetti-Spa Tycoon

图5-29 Minotti办公桌

四、办公桌造型与功能设计

（一）办公桌功能概述

办公桌（图5-30）是指日常生活工作和社会活动中为工作方便而配备的桌子。

多功能家具（图5-31）是一种在具备传统家具初始功能的基础上，实现其他新设功能的现代家具类产品，是对家具的再设计。

多功能家具的出现满足了消费者的需求，它可以分解重新组装，可以单独使用，移动灵活、方便等，除了能给高压的生活添加趣味外，更能拓宽家具的使用功能。

（二）"好"办公桌设计的标准

顾客购买产品，是购买产品具有的功能，其购买动力其实就是对产品各种功能的需求。因此，在产品设计过程中，产品功能的开发与设计设计师必须首先考虑的，也是产品设计的核心，"好"办公桌设计标准如图5-32所示。

（三）产品功能分析流程

具体的分析方法回顾"学习情境一"，产品功能分析流程如图5-33所示。

根据用户需求分析，无论是个人办公还是集体办公需求的办公家具，办公桌应该具备以下功能特征。

（1）有效率的

办公桌是辅助办公的台面，同时还兼顾文件资料及其他相关办公物品的存取，那么其功能性就是它的主要品质了，用起来顺手、方便、灵活，这样的办公桌就算是好的。只要有一个方面用起来不顺手，那么它就不算是好的。

（2）宽敞的

办公桌不能显得拥挤，不论是桌面还

图5-30 办公桌

图5-31 多功能办公桌

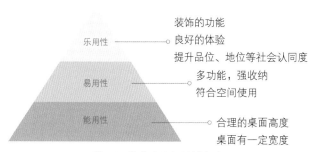

图5-32 "好"办公桌设计的标准

第一步：明确用户要求的功能

用户的需求是产品好坏的依据，价值分析用户使用情景的思维方式和基本特征，就是从用户需求出发去进行调研与功能设计

第二步：分析功能本质，明确设计方向

产品功能定义的第一个目的，明确产品设计的本质，以便根据产品的主要功能要求确定产品的必要功能。

利用5W2H的方法，确定相关的制约条件：WHAT、WHY、WHERE、WHO、WHEN、HOW MUCH、HOW DO

第三步：思维导图法分析，确定功能定义

通过思维导图法分析，产品功能定义要简洁、明了、准确。

产品功能定义的目的是对产品功能本质进行研究

图5-33 产品功能分析流程图

是位置上的空间，都应该是宽敞的，这样才可以使办公更有效率，宽敞的空间也能减少压迫感，从而减少身心方面的压力。

（3）人性化的

人性化设计主要是为了让办公桌和办公椅与肢体的动作配合得更好，同时带来更为舒适的办公体验，这样既能降低职业病的发病率，也能够使办公桌更具安全性。

（四）设计案例分析

产品思维导图如图5-34所示，产品功能定位如图5-35所示。

最终方案一：EMKO写字桌

EMKO写字桌如图5-36所示，设计师将普通的桌面做了延展，采用环绕的方式在桌子周围嵌上实木格挡，这样做不但可以拓展存储空间，还能使所有物品一目了然，也不必担心会有物品掉落，但是不太适用于有洁癖及强迫症人群。

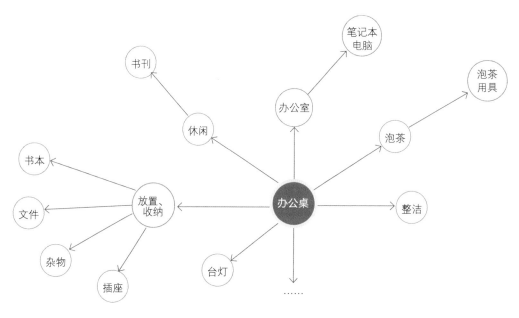

图5-34 思维导图

图5-35 产品功能定位分析

最终方案二：Sol 办公桌

Sol办公桌（图5-37）是为了使桌子成为一个"多面手"，根据现代人办公习惯，平板电脑、智能手机、笔记本电脑，这些电子设备的摆放位置以及插头都被考虑在桌面的设计中；桌面的细节处都设置有适合存放文具的凹槽。此外，桌面上自带适宜多种插口的电源器，不必为桌面电线的一团糟而烦恼，桌面下方的抽屉也有较大的存储空间。

最终方案三：Frederik Alexander Werne 桌

这款桌子（图5-38）专门为个人办公设计，桌面设计为可滑动形式，滑动桌面就可以看到下部存储空间的露出。此外，侧面还设置了抽屉，桌子整体很小巧，适合在小型办公区域或者家中使用。

图5-36 EMKO 写字桌

图5-37 Sol 办公桌

图5-38 Frederik Alexander Werne 桌

五、办公桌材料、色彩搭配

（一）家具材料设计

设计师"准确选材"是家具造型设计的关键。家具造型之所以能够给观赏者以美感，也是基于它的形态、色彩、材质三个方面的因素。任何家具都是通过材料创造形态的，没有合适的材料，独特的造型则难以实现。就家具的形态、色彩、材质而言，其实是依附于材料和工艺技术的，并通过工艺技术体现出来。

（二）家具色彩设计

办公家具色彩设计方法与屏风设计的方法一样，根据室内空间风格定位、家具产品的风格定位等进行色彩设计。因办公家具用于不同的功能空间，色彩的搭配有所不同。

办公家具色彩设计：单色相设计，类似色设计，对比色调设计，无色彩设计，原木色+色彩，原木色+无色彩。

（1）单色相设计

单色相设计是根据环境综合需要，选择一种适宜的色相，充分利用明度和彩度的变化，可以得到统一中微妙的变化，特点是具有统一的易于创造鲜明的色彩感，充满单纯而特殊的色彩韵味。单色相设计适用于功能要求较高的公共建筑分区布置的家具及小型静态活动空间家具。单色相办公桌如图5-39所示。

（2）类似色设计

类似色设计是根据空间环境综合需要，选择一组适宜的类似色，并应用明度与纯度的变化配合，适当加入无彩色，使一组色彩组合在统一中富有变化效果。这种类似色设计可以创造出较为丰富的视觉效果，也可以用于区别使用功能的分区家具，适用于中小型动态活动空间家具。类似色办公家具如图5-40和图5-41所示。

（3）对比色彩设计

对比色彩设计包括补色设计和等角设计两种基本方法。

对比色办公家具如图5-42所示。

①补色设计是在色环上选择一组相对的色彩，如红与绿、黄与紫、蓝与橙等，利用对比作用获得鲜明对比的色彩感觉。在此基础上加以变化，又可得出分裂补色设计和双重补色设计两种方法。

②等角设计分为三角色设计和四角色设计。

（4）无彩色调的运用

从物理学的观点，黑、白、灰不算颜色，理由是可见光谱中没有这三种颜色，故称无彩色。无彩色没有彩度，且不属于色相环，但在色彩组合搭配时，常成为基本色调，与任何色彩都可配合。无彩色办公桌如图5-43所示。

①白色根据所处色彩环境的不同，可变为暖色或冷色，白色的家具给人以干净、纯洁的感觉。

②灰色是黑白相间的中间调无彩色，具有黑、白两色综合特性，对相邻任何色彩没有丝毫影响，无论哪一种色彩都能把固有的感情原样表现出来。灰色显得比较中性，是理想的背景色。

图5-39 单人办公桌　　图5-40 Vitra 办公家具（1）

图5-42 Vitra 办公家具（2）

图5-41 办公家具

图5-43 办公桌

③黑色由于其消极性能使相邻的色显眼，当它与某种色彩相处一起时，可使这种色彩显得更为鲜艳。如图5-44至图5-46所示单纯的无色彩搭配的家具，能很好地提升家具的价值感。从心理上看，它们完全具备颜色的性质。

（5）原木色+色彩

在我们的日常生活中，有相当多的家具是木质的。木材是一种天然材料，它的固有色成了体现天然材质的最好媒介。现代家具十分讲究运用木材的自然本色，以它质朴的材料质感，赢得了很好的艺术效果。原木色结合色彩家具如图5-47所示。

（6）原木色+无色彩

原木色结合无色彩办公桌如图5-48和图5-49所示。

图5-44　书桌（梁志天设计）

图5-45　卫诗理家具

图5-46　办公桌（1）

图5-47　办公家具（品牌Crown House）

图5-48　办公桌（梁志天设计）

图5-49　办公桌（2）

六、评估与优化办公桌设计

评估通常指对某一事物的价值或状态进行定性、定量的分析说明和评价的过程。

（一）实用性评估

实用性主要指家具产品的功能是否满足使用者的需求，并是否符合人体工程学及家具结构强度要求。

家具产品设计的首要条件是满足实用性，产品必须能满足产品自身的功能作用，在实用的前提下，再来开发时尚、优美的线条。

在面向市场设计的家具中，是否能满足消费者在某方面的功能需求，是家具产品获得市场认可的最基本的条件。因此，在设计前期对使用者需求的考虑是非常重要的。在产品的功能和外观设计出来之后，还必须符合人体工程学和家具结构强度要求，这是一项合格产品所必须具备的。

（二）舒适性评估

舒适性是家具设计的主要目标。要设计出舒适的家具就必须符合人体工程学的原理，并对生活有细致的观察、体验和分析。如沙发的座高、弹性、靠背的倾角等都要充分考虑人的使用状态、体压分布以及动态特征，以其必要的舒适性来最大限度地消除人的疲劳，保证休息质量。

办公家具以办公桌为主，办公桌是人们长时间停留、工作和活动的区域，因此必须在符合人体工程学尺寸的前提下完成造型设计。

1. 办公桌高度

办公桌的高度按照用户使用的模式不同分成两类：坐式办公桌和站立式办公桌。

（1）坐式办公桌

考虑到腿在桌子下面的活动区域，要求桌下高度不小于580mm，高度范围750~780mm，长度最少900mm（1500~1800mm最佳）。

（2）站立式办公桌

站立式办公桌高度尺寸有1000，1200，1400，1600mm 4种规格。

根据以上数值得知桌椅高度差为300mm，因此，合理舒适的桌椅高度差应为300～320mm。

2. 办公桌桌面尺寸

单人办公书桌尺寸：长1200~1600mm，宽500~650mm，高700~800mm；办公椅高400~450mm；长×宽：450mm×450mm。单人办公桌如图5-50所示。

双人办公桌尺寸：桌面的尺寸一般在750mm×2000mm，可以供两个人学习、工作。双人办公桌如图5-51所示。

儿童书桌要符合人体工程学原理，书桌椅的尺寸要与孩子的高度、年龄、体型特征相结合，这样对发育过程中的孩子有一定的帮助。

3. 办公桌桌下尺寸

办公桌的桌下尺寸如图5-52所示。办公桌的中间抽屉下沿至地面高度是用户腿部的活动空间，考虑到腿在桌子下面的活动区域，尺寸应大于等于580mm，理想高度为

图5-50 智能单人办公桌

图5-51 双人办公桌

图5-52 办公桌桌下尺寸

700~725mm。单人办公桌桌下最窄活动区尺寸不小于600mm。

4. 家具抽屉尺寸

抽屉尺寸若为100~200mm，抽屉宽度应为400~600mm。

抽屉的高度因收纳不同的物品而进行选定。因此，设计师需要在设计前把产品

的功能需求进行有效归纳与分类，再进行造型设计。

5. 办公桌屏风的尺寸

办公桌屏风高度与尺寸回顾"学习情境二"中的内容。

办公桌屏风铝材厚度在1mm左右，顶部封边、连接封盖、侧封边、线板均为铝合金材料；成品厚度2~6cm；玻璃一般在屏风顶部，可选全透明玻璃、全磨砂玻璃、条纹磨砂玻璃等；屏风中间为屏风饰面，即绒布、防火板、铝塑板、钢板；屏风底部为线板，中间可走电线、电话线、网线等；最底部装有可调节高度的调节脚。屏风与板材台面固定后即组成屏风办公桌，桌下可安装键盘架、主机架、活动柜等。

6. 办公桌柜子

办公桌柜子尺寸为400mm×450mm×725mm。

办公桌柜子在设计时，设计师需要对柜子的使用需求和收纳的物品做调研，再确定柜子的尺寸。

（三）美观性评估

美观性主要指家具产品符合造型美学因素，色彩、肌理等配搭协调。在满足了实用性之后，家具产品还需要具有美观性，让消费者乐于接受。美观性属于美学的范畴，涉及点、线、面、体的组合、辩证关系，以及虚实、均衡、韵律、主次等美学法则，色彩的冷暖等心理要素，肌理搭配等视知觉特点等，是一种比较综合的应用艺术。美观性要遵循以下美学原则。

1. 比例与尺度的统一

我们将各方向度量之间的关系及物体的局部和整体之间形式美的关系称为比例，良好的比例是获得物体形式上完美和谐的基本条件。对于家具造型的比例来说，它具有两方面的内容：一方面是家具整体的比例，它与人体尺度、材料结构及其使用功能有密切的关系；另一方面是家具整体与局部或各局部之间的尺寸关系。个人办公桌如图5-53所示。

和比例密切相关的家具特性是尺度，比例与尺度都是处理构件的相对尺寸，比例是指一个组合构图中各个部分之间的关系，尺度则特指相对于某些已知标准或公认常量对物体的大小。

家具尺度并不限于一个单系列的关系，一件或一套家具可以同时与整个空间、家具彼此之间以及与使用家具的

人们发生关系，有着正常合乎规律的尺度关系。超过常用的尺度可用以吸引注意力，也可以形成或强调环境气氛，如家具设计中比例与尺度的夸张运用。

2. 统一中求变化，变化中求统一

统一指不同的组成部分按照一定的规律有机地组成一个整体。统一在家具中的最简单的表现手法是协调和重复，将某些因素协调一致，将某些零部件重复使用，在简单的重复中得到统一。

变化指在不破坏整体统一的基础上，强调各部分的差异，求得造型的丰富多彩。

具体到家具设计就是指把若干个不同的组成部分（如家具与家具之间以及家具各部分之间）按照一定的规律和内在联系有机地组成一个完整的整体，形成一种一致的或具有一致趋势的感觉，如图5-54所示。

图5-53 个人办公桌

图5-54 办公家具

（四）建模与渲染阶段要求

建模与渲染阶段要求可参考座椅要求。

>>> 课后拓展

一、办公桌设计作业要求

二、规范制作PPT、海报

三、办公桌设计欣赏

办公桌设计欣赏如图5-55至图5-59所示。

图5-55 卢志荣设计

图5-56 梁志天设计

图5-57 办公家具

图5-58 Vitra 办公家具

图5-59 办公桌（品牌Crown House）